Joachim Illies, Kulturbiologie des Menschen

Der Mensch ist wie alle Lebewesen tief in den Gesetzen der Natur verankert, er ist zugleich als einziges von allen aufgebrochen in den Raum der Freiheit. In dieser Doppelnatur zwischen Gesetz und Freiheit, die heute von der modernen Naturwissenschaft, von vergleichender Verhaltensforschung und Psychologie so deutlich wie von der Geisteswissenschaft, der Philosophie und der Religion gesehen wird, liegen Glanz und Elend unserer Situation.
In bergenden Hüllen heranwachsend und immer neu ausbrechend zu höherem Sein, haben sich das Weltall und das Leben gestaltet und schließlich im Ich des Menschen zur Höhe des Geistes entfaltet. Dabei hat die asketische Grundhaltung gegolten: Wir dürfen nicht alles, was wir können. Diese Evolution – das Aufwärtssteigen der Entwicklung in der Materie, in den Lebewesen, im Bewußtsein – hat immer höhere Freiheitsräume des Geistes errungen. Sie gibt Hoffnung auf das Gelingen dieser Kultur, die schließlich als Noosphäre – als Reich der Vernunft und Liebe – sich über die Biosphäre wölbt und die gegenwärtige Krise der Menschheit überwinden kann.

Professor Dr. rer. nat. Joachim Illies, 1925 in Ketzin a. d. Havel geboren, studierte in Göttingen und Kiel Naturwissenschaften, insbesondere Biologie. 1955 Habilitation an der Universität Gießen. 1961 bis 1966 Professor an der Universität Kiel, danach wieder an der Universität Gießen. Illies ist Mitbegründer und Leiter der Limnologischen Flußstation des Max-Planck-Instituts in Schlitz. Veröffentlichungen u. a.: Adams Handwerk, 1967; Noahs Arche, 1968; Wissenschaft als Heilserwartung, 1969; (mit Christa Meves) Lieben – was ist das?, 1970; Die Affen und wir, 1970; Zoologie des Menschen, 1971; Feigenblatt und Lorbeer, 1971; Für eine menschenwürdige Zukunft, 1972; Die Sache mit dem Apfel, 1972; Anthropologie des Tieres, 1973; Zoologeleien, 1974. Außerdem zahlreiche Vorträge, Zeitungsartikel und Rundfunksendungen aus dem Grenzgebiet der Biologie und Philosophie.

Serie Piper:

Joachim Illies

Kulturbiologie des Menschen

Der Mensch zwischen Gesetz und Freiheit

R. Piper & Co. Verlag

ISBN 3-492-00482-2
2. Auflage, 6.–8. Tausend 1981

Umschlag Wolfgang Dohmen
Gesetzt aus der Times-Antiqua
Gesamtherstellung: Clausen & Bosse, Leck
Printed in Germany

Inhalt

Vorwort

Nur wenn wir bis auf den Grund zu verstehen imstande sind, was »Bewußtwerdung« des Menschen bedeutet, sind wir auch imstande, die Krise des modernen Menschen zu verstehen.
Erich Neumann (1961)

Der Mensch ist von Natur ein Kulturwesen – in dieser Bestimmung unseres Standortes liegt die Notwendigkeit, alle beiden Seiten unseres Seins zu begreifen, um das Gesetz zu erfüllen und die Freiheit zu bewahren. Jede Betrachtung des Menschen, die hinter diesem doppelten Anspruch zurückbleibt, zielt zu kurz und kann nicht zum Kern unseres Fragens nach uns selbst vordringen. Unser Bewußtsein, das im Blick materialistischer Naturwissenschaft ein fragwürdiges Irrlicht bleibt, ist doch zugleich für unseren Geist der gewisseste Besitz, den wir haben. Denn unser Bewußtsein: das sind wir selbst! Die Geschichte der Bewußtwerdung des Menschen ist daher unsere eigene Geschichte, die Frage nach der Kultur, die uns vom Tier trennt, ist die Frage nach dem »Geist, der sich den Körper baut«. Kulturbiologie ist also der Versuch, diese eigene Bewußtwerdung zu begreifen und von diesem festen Punkt tiefster Gewißheit in uns die Wirklichkeit um uns bis an die Dämmerzone des Ungewissen zu erschließen.

In diese Kulturbiologie müssen wir neben allen anderen Quellen möglicher Einsicht auch die Naturwissenschaften voll hereinnehmen, aber wir dürfen uns nicht von ihnen vereinnahmen lassen. Nicht sie deuten die Welt, sondern wir haben ihnen den Platz in unserer Welt anzuweisen, indem wir ihre Meßergebnisse deuten und zugleich wissen, daß nicht alles meßbar ist, was der Deutung bedarf. So bleibt die Naturwissenschaft in der ihr allein zuträglichen Rolle des Dieners, aber – wie Kant es im »Streit der Fakultäten« forderte – nicht als Schleppenträger im Gefolge der Religion, sondern mit der Fackel uns vorausleuchtend.

Im Schein dieser Fackel entwirft sich uns ein großes Bild: die Welt – und wir in ihr – in pulsender Evolution, in unvorhersehbaren Qualitätssprüngen zu immer neuen Stufen einer Metamorphose aufbrechend, die durch »bergende« und durch »hüllensprengende« Stadien führt, wie es der Denker und Biologe Hans André einmal formulierte. Die Kultur, unser eigentlicher menschlicher Lebensraum, ist in diesem Prozeß schließlich die letzte uns erkennbare Steigerung, die aus dem asketischen »Wir dürfen nicht alles, was wir können« aufbricht in die Freiheit des »Wir können alles, was wir sollen«!

Jede Generation, die sich um die Deutung der menschlichen Existenz bemüht, wird dieses Abenteuer der Vernunft neu zu wagen haben, nämlich das Bewußtwerden des Ichs als der letzten irdischen Instanz unseres Entwicklungsweges im Sinne des Aufbruchs aus der Unmündigkeit und des Einzugs in die verantwortete Freiheit. Aber zwischen Gesetz und Freiheit, zwischen Materie und Geist, vollziehen sich alle Spannungen dieses Werdens, dessen Ausgang nie so ungewiß war wie in unseren Tagen. Umweltkrise und tiefer reichende, innere Bewußtseinskrisen kennzeichnen den möglichen Wendepunkt der Entwicklung, deren Ende offen bleiben muß, wenn Freiheit keine Illusion ist. Wenn es uns nicht gelingt, die Krisen unserer Zeit in ihrer Tiefe zu erkennen und für uns und für zukünftige Generationen zu lösen, dann kann es geschehen, daß es weder künftige Generationen noch künftige Zeiten geben wird.

Nach der »Zoologie des Menschen« und der »Anthropologie des Tieres« – nach zwei scheinbar paradoxen Schritten auf dem Weg zur Überwindung der Einseitigkeit des Denkens – soll diese »Kulturbiologie« uns ein weiteres Stück voranführen zu dem Ziel jener Wahrheit, die nicht nur gewußt, sondern getan werden muß, damit wir nicht herausfallen aus der Schöpfung, die uns birgt und austreibt und die uns mit dem Ruhen im Gesetz auch die Unruhe einer Freiheit schenkt, in der wir uns nach neuem Ruhen in höherer Ordnung sehnen.

Schlitz, im August 1978 Joachim Illies

1 Natur und Kultur, zwei Formen möglicher Existenz

Wir finden uns vor in einer Welt voller Widersprüche und unauslotbarer Tiefen. Wo kommen wir her, wer sind wir, wo gehen wir hin? Wir leben einerseits als Bestandteil einer Welt, die wir nicht gemacht haben und deren Gesetzen wir unterworfen sind in unserem Leben: Es ist die Natur, die vor uns war und nach uns sein wird mit ihrer Materie und ihrer Energie, mit Erde, Wasser, Luft, Pflanzen und Tieren – und die auch in uns herrscht mit ihren Zwängen, mit Gesundheit und Krankheit, mit Wachstum und Fortpflanzung, mit Reflexen und Trieben, mit Werden und Vergehen. Aber wir leben zugleich auch als Bestandteil einer Welt, die wir selbst gestaltet haben und die wir unseren Gesetzen unterwerfen, mit Freiheiten, die uns über die Zwänge der Natur erheben: Es ist die Kultur, unser eigentlicher Lebensraum mit seinen Normen und Sitten, Sprachen und Künsten, Technik und Wissenschaft – und mit seinen Möglichkeiten und Gefahren, mit Frieden und Krieg, mit Triumphen und mit Katastrophen.

Natur und Kultur – zwei Formen der uns möglichen Existenz und stets gleichzeitig, unausweichlich gekoppelt an uns wie wir an sie. Niemand, der Mensch ist, kann noch reines Naturwesen sein: Er spricht, er denkt, er weiß von sich selbst, und auch wenn dies alles ausfiele, wenn er in schwerster seelisch-geistiger Krankheit wieder zum Tier würde in seinem Verhalten, holte ihn doch unsere Gewißheit von der Würde des Menschen als einen der unsrigen herauf in den Raum der Kultur. Niemand aber – auch das ist unser aller tägliche Erfahrung mit uns selbst – kann andererseits reines Kulturwesen sein, »reiner Geist«, und wenn unsere Gedanken und Sehnsüchte uns noch so weit emporhöben in die Gefilde der Freiheit – die Zwänge der Natur (und sei es nur ein schmerzender Backenzahn oder die Müdigkeit einer durchwachten Nacht) holen uns wieder herunter auf den Boden des Gesetzes. »Nicht Tier, nicht Engel«, so hatte der französische Denker Pascal uns genannt, beides nicht und doch beides zugleich, wie die mythischen Bilder der Alten uns zeichneten, endlich und absolut, sterblich und unsterblich – das ist der Mensch! Wenn wir uns selbst also verstehen, unsere Herkunft, unsere Gegenwart und vielleicht auch unsere Zukunft begreifen wollen, dann muß dieser Doppelaspekt des »Bürgers zweier Welten« im Mittelpunkt stehen: Natur und Kultur des Menschen sind dann die beiden Wirklichkeiten seines Wachsens und Werdens, sind Geschenk und Leistung zugleich in enger gegenseitiger Bedingtheit.

Der Versuch, eine Kulturbiologie zu entwickeln, den wir in diesem Buch unternehmen und der damit den Anspruch der Wissenschaft vom Leben auch auf Bereiche des Geistes ausdehnt, wird sich also auf die ganze Faktenfülle der gegenwärtigen naturwissenschaftlichen und geisteswissenschaftlichen Anthropologie stützen, er wird Biologie im klassischen Sinn (hier als Zoologie), vergleichende Verhaltenskunde und Psychologie – aber auch Philosophie und Mythologie sowie Religionswissenschaft umfassen müssen, wenn er nicht zu kurz geraten, wenn er der Größe und Einmaligkeit des Gegenstandes, dem ganzen Menschen, gerecht werden soll.

Jede Zeit, ja in gewissem Umfang jeder einzelne nachdenkliche Mensch bemüht sich um ein solches angemessenes Welt- und Menschenbild, und in jeder Zeit wie in jedem Einzelnen wird es anders geraten. Das ist ein unausweichliches Gesetz des menschlichen Geistes, und immer wird hier gelten, was Faust seinem Famulus so eindringlich vorhält:

Was Ihr den »Geist der Zeiten« heißt,
das ist im Grund der Herren eigner Geist,
in dem die Zeiten sich bespiegeln.

Ein Bild des Menschen – bei allem Eifer für Wissenschaft und objektive Wahrheit – wird immer die Zeit spiegeln und dazu den Geist dessen, in dem es sich entwirft. Aber diese Notwendigkeit muß akzeptiert werden, wenn überhaupt im Menschen ein Bild des Menschen entstehen soll. Die Wissenschaft von der Kulturbiologie wird daher hier so vorgelegt werden, wie sie allein entstehen konnte, nämlich in der Suche nach den Aussagen und Erkenntnissen unserer Zeit, die sich ergänzen, stützen und wechselseitig erhellen und die sich so als

Antwort auf unsere Frage im Geiste dessen, der hier für uns fragt, auswählen lassen und zu einem geschlossenen Bild abrunden. Auswählen heißt ja immer beides: Finden und Weglassen – auch dies bleibt ein Bereich eigenen Handelns und eigenen Schicksals, dem keiner entgehen kann, der ein unendlich weites Thema in einen überschaubaren und begrenzten Rahmen fassen will.

Schließlich aber gilt bei jedem Weltentwurf ein weiteres Gesetz des Geistes: Niemand kann allein solche Denkarbeit verrichten, jeder ruht auf Grundlagen, die andere vor ihm und für ihn erbracht haben, jeder nimmt an Traditionen teil und wird so zum Schüler – manchmal auch zum Fortsetzer – seines Meisters. So werden auch hier in unserer Kulturbiologie mit den jeweiligen Wissenschaftsbereichen, die eingebracht werden, einzelne Forscher und Denker eine ganz besondere Rolle spielen und dem Bild, das wir gewinnen wollen, einen persönlichen Stempel aufdrücken. Von ihnen wird noch oft die Rede sein, doch sollen sie gleich hier am Anfang schon einmal genannt werden, damit der Leser, wenn er an Bord kommt, weiß, was das Schiff geladen hat und wohin die Reise geht.

Die basale Aussage über den Menschen wird in der Biologie selbst geholt werden, wie es selbstverständlich ist bei der natürlichen Wurzel unserer Existenz. Dabei wird es vor allem die Evolutionslehre sein, die uns Impulse zum Verständnis unserer selbst liefern soll. Aber nicht um die Fakten allein – etwa die berühmte Affenabstammung – kann es hier gehen, sondern um die Deutung der Erscheinung Evolution und um die Sonderstellung, die der Entwicklung des Menschen zukommt. So wird Adolf Portmann, der heute über 80jährige Basler Zoologe, für uns zum entscheidenden Gewährsmann. Denn er – fast allein – hat in vierzigjährigem Forschen und Deuten den Versuchungen eines eingeengt darwinistischen Zweckmäßigkeitsdenkens (und damit der Ausblendung von entscheidenden Anteilen der organischen Wirklichkeit) widerstanden und in der so gewonnenen Freiheit der Beobachtung wesentliche Sondermerkmale unserer humanen Seinsweise entdeckt: zunächst im Bereich der frühkindlichen Entwicklung, aber auch bei unseren weiteren Entfaltungsbedingungen zur vollen »weltoffenen« Menschlichkeit.

In der Psychologie sind vom Standpunkt des Biologen naturgemäß die vergleichenden Verhaltensforscher von großer Wichtigkeit, dazu die Beiträge der klassischen Tiefenpsychologie, wie sie Sigmund Freud begründete und wie sie C. G. Jung nach der Seite der Geisteswissenschaft hin entscheidend ausdehnte. An der Nahtstelle zwischen beiden Disziplinen ist es vor allem die Psychologin Christa Meves, die aus Beobachtungen an Säuglingen, Kleinkindern und Jugendlichen – gewissermaßen aus einer Synthese von Sigmund Freud und Konrad Lorenz – eine eigene Antriebslehre entwickelt hat, die sich in der Ursachenforschung bewährt und in der daraus resultierenden Voraussage als so zuverlässig erweist, daß sie zu einer eigenen wissenschaftlichen Anthropologie geworden ist, die zum Verständnis des Menschen unentbehrlich und unaufgebbar wird. Die Mevessche Antriebslehre wird daher die Grundlage der in den folgenden Kapiteln behandelten Etappen der Menschwerdung bilden, und es wird sich dabei zeigen, daß diese Lehre, die ursprünglich nur für den Lebenslauf des Einzelmenschen Aussagen macht, sich hilfreich und erhellend auch auf die Geschichte der Kulturwerdung übertragen läßt.

Doch auch die tiefenpsychologische Mythologie und Völkerkunde, wie sie sich in der Tradition von C. G. Jung um die Rätsel der menschlichen Evolution bemühte, schloß Quellen der Deutung auf, die unverzichtbar sind. Hier ist es vor allem der 1961 in Israel verstorbene Erich Neumann, dem sein Lehrer C. G. Jung bestätigt hat, daß ihm, als der »zweiten Generation«, die Übersicht der Phänomene gelang, die der Meister und Pionier der ersten Generation selbst noch nicht erreichen konnte. In Erich Neumanns »Ursprungsgeschichte des Bewußtseins« (besonders in dem kurzen Appendix I über die Gruppe und das Individuum – 1949) werden erstmals und in großer Klarheit die Bedingungen der psychischen Evolution des Einzelnen aus dem Gruppenverband und das hüllensprengende Ereignis der Ichwerdung geschildert.

Im Bereich der schwierigen, letztlich der Erkenntnistheorie zugehörigen Fragen des Bewußtseins und seiner Wahrnehmungsmöglichkeiten – also in einem der Felder des großen Teils zweitausendjähriger Philosophiegeschichte – ist es vor allem der geniale Entwurf der fünfstufigen geistigen Entwicklung durch Jean Gebser, den 1975 in der Schweiz verstorbenen deutschen Kulturphilosophen, der uns zu hilfreichen Einsichten führen wird. In seiner ausführlichen Untersuchung der archaischen, magischen, mythischen, mentalen und integralen Bewußtseinsstufen – die er jeweils historisch, kunstgeschichtlich, mythologisch und sprachgeschichtlich belegt – entwirft sich ein Prozeß der zunehmenden Weltbewältigung, den wir direkt in den Gang unserer Biologie der Kultur übersetzen können.

Geht es um die Hintergründe all dieses Geschehens – und kein Bild des Menschen wird ohne den Hintergrund der Sinn- und Wertfragen auskommen –, so wird die Auskunft eine philosophische sein müssen. Hier aber ist es besonders die Naturphilosophie Friedrich Wilhelm Joseph Schellings, die – heute zu Unrecht fast vergessen – wieder eingebracht werden soll, um sich am Material der Fakten und Erkenntnisse zu bewähren, welche in den hundert Jahren seit seinem Tode die so ganz andere Szene der modernen Naturwissenschaft entstehen ließen. Schelling, den der Naturforscher Alexander von Humboldt einst »den geistreichsten Mann des deutschen Vaterlandes« nannte, hatte den Stellenwert der Polaritäten und den Verlauf der Steigerung in der Natur erkannt und vor allem – für unser Unternehmen von größter Wichtigkeit – die Parallelität der Entwicklungsgesetze in der Natur und im menschlichen Bewußtsein, also den Verlauf der Evolution vom Unbewußten der Natur zum Geist, der diese Natur überschreitet.

Schließlich wird unsere Betrachtung der menschlichen Entwicklung, die vielen heute als Weg aus dem Paradies in die Katastrophe erscheint, an den letzten Fragen des Seins, wie sie besonders der Tod aufwirft, nicht vorübergehen dürfen, ohne auch die religiösen Entwürfe und Aussagen zu berücksichtigen, soweit sie auf ein Verständnis der Evolution – hier der des Menschen vom Gesetz zur Freiheit – hinzielen. Hier ist es besonders Pierre Teilhard de Chardin, dessen Vision von der Entwicklung des Menschen zu dem fernen Ziele seines »Punktes Omega« die biologische Evolution ins Geistig-Geistliche übersetzt. Der Weg des Menschen, den er als kosmisches

Ereignis sieht – als den »Pfeil des Humanen«, wie Adolf Portmann es in seinem Sinne nannte –, führt die Schellingsche Sicht in unserem Jahrhundert fort, wobei er zugleich dessen Pessimismus den strahlenden Optimismus seines Glaubens entgegensetzt. Wir werden diesen Optimismus brauchen, wenn wir im Zeitalter von Ökokrise und gesellschaftlichem Zerfall, im harten Zugriff der Gesetze, nach neuer Freiheit Ausschau halten.

Natur und Kultur – sie sind uns als Formen unserer möglichen Existenz vorgegeben, doch müssen wir, um unseren doppelten Status zu begreifen, zunächst versuchen, gewissermaßen von einem Standort außerhalb her die ganze Szenerie der Wirklichkeit zu überblicken. Dann sehen wir, daß hinter den Gegensätzen von Natur und Kultur weitere Alternativen liegen, die im gleichen Sinne wirken und in ihrem Entweder-Oder wie in ihrem Sowohl-als-Auch unsere ganze Welt in zwei Hälften teilen: Materie und Geist, Gesetz und Freiheit. Zwar gilt auch hier, was wir von dem verschränkten Gegensatz Natur und Kultur im Menschen schon sagten, daß nämlich beide Formen nie rein, ohne jede Spur ihres Gegenstückes auftreten, doch hindert das nicht an der Einsicht, daß sich uns die Welt als ein Spannungsfeld zwischen diesen Polen, als eine zweischichtige, duale Wirklichkeit darstellt.

Für unsere Biologie der Kultur ist es daher von grundlegender Wichtigkeit, daß wir die volle Berechtigung zweier, an je einem der Pole orientierter Betrachtungsweisen anerkennen. Der Materialismus, der die Naturgesetze in einer nach Zufall und Notwendigkeit geordneten Welt als einzige echte, nachweisbare und meßbare Grundstrukturen zuläßt, nimmt damit die unmittelbaren Erfahrungen des Menschen mit seinem eigenen Körper zum Ausgangspunkt und verlängert sie über sich selbst hinaus in die Materie. Er hat also recht, oder – um es mit dem Physiker und Philosophen Carl Friedrich von Weizsäcker zu sagen: »Die Naturwissenschaft hat nicht unrecht mit dem, was sie sagt, sondern mit dem, was sie verschweigt.«

Diese andere Seite der Wirklichkeit aber, die von der Naturwissenschaft verschwiegen werden muß, weil sie in ihr nicht vorkommen darf (denn es gehört zur notwendigen Methode, sie auszuklammern), ist eben daher allein der Geisteswissenschaft zugänglich oder – um den Gegensatz zum Materialismus in alter Weise zu kennzeichnen – dem Idealismus. Er geht von der Existenz eines von allen Gesetzen der Materie unabhängigen Bereiches, des Geistigen, aus, nimmt also unmittelbare Erfahrung des Menschen mit seinem eigenen Geist zum Ausgangspunkt und verlängert sie über sich selbst hinaus in die Strukturen der Welt. Auch diese Sicht hat also recht, auch sie muß daher ihren Beitrag leisten zu einem umfassenden Bild des Menschen und seiner Kultur. Nur die ausgewogene Berücksichtigung beider Aspekte der Wirklichkeit, nur das angemessene Nebeneinander von naturwissenschaftlichen und von geistigen Fakten und Erkenntnissen gibt uns die Chance des Verständnisses, nach dem wir hier suchen.

Daß gerade der Mensch ein Schnittpunkt dieses Nebeneinanders zweier sich eigentlich ausschließender Beobachtungsweisen ist, wird auch mitten im Bereich der Naturwissenschaft heute stellenweise ganz deutlich. Die vergleichende Verhaltensforschung, die Mensch und Tier zunächst durchaus vom gleichen, rein naturwissenschaftlichen Standpunkt analysieren wollte – und aus dieser raffinierten Naivität ihre spektakulärsten Erfolge zog –, mußte doch zuletzt erkennen, daß der Mensch selbst aus der Froschperspektive der Ethologie anders ist, nämlich im Gegensatz zu den Tieren zugleich Bürger jener anderen Welt. Konrad Lorenz drückte das so aus: »Tiere handeln moral-analog«, also – so meint er doch! – grundsätzlich nicht echt moralisch. Da der Mensch aber – oberhalb seines auch nur moral-analogen, also, wenn man so will, tierischen Verhaltensprogramms – eben auch echt moralisch handeln, echt moralisch sein kann, wird deutlich, was die Basis unserer gesamten Betrachtung ausmacht: daß er nämlich ein Naturwesen ist, das zugleich Kulturwesen sein kann, ja dessen Kultur eigentlich darin besteht, dieses neue Element seines Seins nachdrücklich in die Natur einzubringen. Kulturbiologie – es wird jetzt erkennbar, was mit diesem scheinbar paradoxen Begriff gemeint ist: der in der Tat paradoxe, nämlich widersprüchliche Doppelaspekt unserer menschlichen Seinsweise in der Durchdringung von Materie und Geist.

Diese Durchdringung aber stellt kein statisches Gemisch her, das sich zeitlos und ewig in der Waage hielte, eine gerichtete Bewegung durchzieht vielmehr das Ganze. Diese gerichtete Bewegung aber ist die Evolution, die aus der Welt ein zeitliches Geschehen macht und ihr damit Geschichte gibt. Im Bereich der unbelebten Materie zeigt sie sich in dem der Entropie entgegengesetzten Aufbau des Kosmos, in der vom sogenannten Urknall ausgehenden Expansion und dem Entstehen der Elemente und Verbindungen, die allesamt aus dem statistisch Wahrscheinlicheren heraus in das Unwahrscheinlichere, in das Höhere zielen und sich dort dem Entropiegesetz des Zerfalls zum Trotz halten. »Am Anfang war der Wasserstoff« – nun, das behauptet zwar ein bekannter Buchtitel, der dieser Evolution der Materie gewidmet ist, aber es ist doch keineswegs die erste Etappe unserer Welt. Wie der Wasserstoff entstand – in den ersten zwei Sekunden nach dem Urknall –, das zu erklären können wir den Physikern überlassen; sie sind sich zwar uneinig darüber, zeigen uns aber immerhin, daß sie für die Beschreibung unfaßlicher und schwer oder gar nicht greifbarer Vorgänge leistungsfähige Gedankenmodelle zimmern können. Mag es für uns also mit dem Wasserstoff beginnen – es bleibt auch dann rätselvoll genug, was sich daraus in unserem Kosmos an komplizierter Materie entwickelte. Auch für diese erste Evolution gilt jedoch, was uns bei der des Lebens und des menschlichen Geistes erkennbar werden wird: Sie ist Aufbruch aus dem Wahrscheinlichen ins Unwahrscheinliche, Unerwartete und keineswegs naturgesetzlich Notwendige, sie ist Höherentwicklung in eine Dimension, die erst in dieser gerichteten Transformation entsteht.

Niemand – auch nicht der klügste Physiker unserer Tage – hätte angesichts einer Welt, die nur aus Wasserstoff (also dem einfachsten aller Elemente) bestand, voraussehen oder gar vorausberechnen können, daß sich aus solchen Anfängen schließlich auch Uranatome entwickeln würden. Es gibt kein Naturgesetz, daß vom Wasserstoffatom eine solche Entwicklung erzwingt – die unveränderte Existenz ungeheurer Mengen von Wasserstoffatomen noch heute auf unserem Planeten beweist es. Das gleiche gilt für die chemische Evolution: Es gibt kein

Gesetz, das den Kohlenstoff zwingt, sich im Gegensatz zu fast allen anderen Elementen in die ganze Fülle der Ketten und Ringe seiner organischen Verbindungen hin zu entfalten und so die Grundlage für die Entstehung des Lebens zu liefern. Kein Naturgesetz trieb diese Entwicklung der Elemente von der Basis her, und doch vollzog sie sich. Mit dem Wort »Evolution« beschreiben wir – ohne die Hintergründe zu erkennen – diese Erscheinung des Hinaufdrängens, dieses neue Gesetz, das in die Materie fährt wie ein erster Geistesblitz, wie ein Befehl, und sie so in die Aufwärtsbewegung zwingt.

Als diese Entwicklung der Elemente abgeschlossen war und die Bausteine auf unserem Planeten bereitlagen, vollzog sich im Bereich der belebten Materie das gleiche Schauspiel auf einer höheren Ebene. Wieder greift die aufwärtsgerichtete Bewegung einer Entwicklung vom Wahrscheinlicheren zum Unwahrscheinlicheren in das Ausgangsmaterial. Am Anfang war der Einzeller? Nun, auch das ist nicht die volle Wahrheit, und jeder Mikrobiologe könnte uns einen ganzen Katalog von Vorformen aufzählen, bis hin zu den theoretischen Eobionten, die in der sogenannten organischen Ursuppe ihre ersten zaghaften und nur gelegentlichen Lebensanläufe machten. Aber lassen wir es ruhig dabei und betrachten die Evolution der Organismen vom Ausgangspunkt der Einzeller. Es bleibt rätselvoll genug, wie sich im Verlauf von etwa zwei Milliarden Jahren die ganze Vielfalt der Pflanzen- und Tierwelt daraus entwickelte, und zwar in der eindeutigen Richtung nach oben – zu höherer Kompliziertheit, größerer Selbständigkeit, ausdrucksstärkerer Gestalt hin.

Und wiederum gilt: Kein noch so kenntnisreicher Biologe unserer Tage hätte die geringste Möglichkeit gehabt, angesichts eines Urmeeres, das von Algen und Amöben wimmelte, vorauszusehen oder gar vorauszuberechnen, daß sich Blumen und Bäume, Insekten, Fische, Vögel und Säugetiere daraus entwickeln würden. Denn wieder müssen wir feststellen: Es gibt kein Naturgesetz, das die Amöbe zwingt, nacheinander Wurm und Fisch, Reptil und Säuger zu werden: Der ungeminderte Fortbestand von Algen und Amöben, Würmern und Fischen in unserer Zeit beweist, daß es ein solches zwingendes

Gesetz der Evolution gar nicht geben kann. Und doch fand sie statt! Wir sollten endlich eingestehen, daß das Erklärungsmodell »Zufallsmutation und Selektion des Zweckmäßigen« (also die darwinistische Erklärung) nicht ausreicht und nicht erklärt, schon deshalb nicht, weil Zufall prinzipiell keine Erklärung ist und weil das Leben sich neben allen zweckmäßigen durch eine Fülle von unzweckmäßigen, gewissermaßen überzweckmäßigen Strukturen auszeichnet. Jeder Versuch, die Evolution einer Pfauenfeder als notwendig oder auch nur zweckmäßig zu erklären, gerät ins Groteske: Adolf Portmann hat es in einem nun schon klassischen Streit mit Konrad Lorenz gerade an diesem Objekt der Evolution immer wieder deutlich gemacht: »Es wäre wissenschaftlicher zu gestehen, daß wir die Gründe der Evolution nicht kennen.«

Aber sie ist da, diese Aufwärtsentwicklung der Lebewesen, dieser geschichtliche Prozeß einer in ihren Hintergründen unbegreiflichen, aber deutlich feststellbaren Entfaltung und Ausformung der Organismen hinauf zu immer kostbareren, immer unwahrscheinlicheren Gestalten, in denen sich – man muß es wohl so nennen – die schöpferische Freiheit der Evolution am Material der Naturgesetze und dem Substrat der Materie darstellt!

Auf dem Höhepunkt dieser Evolution der belebten Materie entsteht schließlich ein Lebewesen, in dem eine neue, dritte Etappe des Weltprozesses der Höherentwicklung ihren Ausgang nimmt: Es entsteht der Mensch, genauer der noch tierische Vormensch, oder wie immer wir dieses Lebewesen nennen wollen, das in einem einige Millionen Jahre dauernden Tier-Mensch-Übergangsfeld zu dem unwahrscheinlichsten, unvorhersehbarsten aller Entwicklungsschritte ansetzt: zur Menschwerdung mit der ganzen zugehörigen Vielfalt der Formen und Inhalte der Kultur. Stellen wir es hier ein drittes Mal fest: Niemand hätte es der haarigen Urmenschenstirn ansehen oder nach irgendeinem Naturgesetz berechnen können, daß sich dahinter einmal eine neue und ganz andere Welt entwickeln und entwerfen würde, daß Dichtungen und Symphonien, tiefe Welteinsichten und hohe Gedanken, aber auch machtvolle Werkzeuge des einschneidenden Eingriffs, ja des In-den-Griff-

Bekommens dieser Natur sich hier in einer Evolution aus der Natur in die Kultur, aus dem Gesetz in eine neue, bisher nicht dagewesene Freiheit entfalten würden. Es gibt kein Naturgesetz, nachdem dies mit Notwendigkeit so geschehen müßte. Jedes neugeborene Kind macht es uns deutlich, daß nichts von alledem von allein entsteht, sondern daß es in diesen Raum der Kultur von oben (hier durch die, die darin bereitstehen) hinaufgezogen, daß es zur Kultur erzogen werden muß, hinein in eine neue, im Naturgesetz nicht vorgesehene Dimension.

Diese Evolution, in der sich der Geist im Menschen etabliert und zu neuen Freiheiten entfaltet, fand statt und findet in der Menschwerdung jedes Einzelnen erneut statt, und sie beweist uns ein drittes Mal, daß es den Raum oberhalb des Wahrscheinlichen, oberhalb des naturgesetzlich Notwendigen wirklich gibt. Sie stellt uns zugleich zum drittenmal vor das Rätsel der Frage nach dem »Warum?«. Das Rätsel der Evolution ist das Rätsel der Welt schlechthin, und vielleicht ist es uns sogar lösbar, da es doch unserem Geist gelingt, es in seiner Größe zu begreifen, oder – um es mit dem Biologen Sir Julian Huxley zu sagen – da sich doch im Menschen »die Evolution ihrer selbst bewußt wird«.

Jedenfalls aber wollen wir – auch wenn das Warum als Frage offenbleibt und nur Ahnungen und letzte tastende Aussagen ermöglicht – in einer Kulturbiologie eine angemessene Beschreibung dieser Erscheinung liefern, die, auch wenn wir sie nicht erklären können, doch uns selbst erklärt und das Warum unserer eigenen Existenz in einen größeren Rahmen stellt. Denn wenn wir überhaupt etwas begreifen wollen von einer Entwicklung, die wir erkennen, dann kann es uns das Ziel dieses Prozesses verraten, dieses zumindest vorläufig doch gültige Resultat der großen Bewegung, also der Mensch. Er sei »der Schlüssel zum Kosmos« meinte Teilhard de Chardin, und in diesem Sinne scheint es, daß unsere Menschwerdung, das Entstehen der neuen, moralischen Dimension der Kultur, uns das Rätsel aller Wirklichkeit am ehesten aufschließen könnte. Ist es »der Geist, der sich den Körper baut?« – ist es der Körper, der sich den Geist baut? – gilt beides zugleich oder nacheinander in Etappen eines Prozesses? Wir können diese letzten Fragen nach der Struktur der Welt sinnvoller und aussichtsreicher stellen, ja vielleicht gar entscheiden, wenn wir sie zuvor im Bereich der menschlichen Entwicklung geprüft haben, dort also, wo wir Subjekt und Objekt der Erfahrung zugleich sind, wo wir mitsprechen können, weil jeder von uns selbst ein Kosmos solcher Entscheidungen ist.

Eines aber kann schon jetzt, ganz am Anfang unseres Bemühens gesagt werden, und es wird zum Schlüssel für das Verständnis des Weges von der Natur zur Kultur werden: Wenn auch die Evolution selbst kein Naturgesetz ist – denn sie übersteigt die Notwendigkeit und ist anderer, letztlich geistiger Art –, so hat sie doch ihre eigenen Gesetze und festen Formen des Ablaufes, die sich benennen und beschreiben lassen. Nie vollzieht sich gerichtete Aufwärtsentwicklung in stetigem Fluß, in gerader Linie, sondern immer ist diese Bewegung rhythmisch gegliedert, und zwar in eine vorstoßende, neue Räume erobernde Aufstiegsphase und eine anschließende Konsolidierung. Sagen wir es noch deutlicher, dem Lebensweg des Menschen entsprechend, der ja auch eine, vielleicht gar die letzte und größte Evolution darstellt: Immer ist am Anfang eine umhüllte Geborgenheit, ein »Ruhen in der Ordnung«, wie es die Schwangerschaft für das Ungeborene darstellt. Immer ist dann Geburt der schmerzliche Aufbruch, das hüllensprengende Ereignis, das freisetzt und aussetzt. Aber bald schon, die Aussetzung in die Freiheit nur schwer ertragend, birgt sich der Neugeborene auf höherem Niveau in neue Hüllen ein: Es ist die soziale Hülle der Gruppe, in die der Einzelne gewissermaßen eintaucht und von der er schützend geborgen wird. Doch folgt auf den Befehl der Evolution, auf dem Wege zum mündigen Einzelnen, der Aufbruch auch aus der Gruppe und ihren Normen, die hüllensprengende Geburt der Person, des eigentlich freien Ichs – und schließlich wird doch auch dieses Ich in höheren Räumen der Kultur sich erneut in Gemeinschaften einbergen. Auf diesem Wege eines Sich-Ausdehnens und eines konsolidierenden Ruhens in der neu erreichten Lage, der dann ein neues Ausdehnen in neue Räume und Dimensionen folgt – in einem pulsierenden Wachsen also vollzieht sich Evolution, die damit ihr eigenes Zeitgesetz enthüllt.

Man kann dieses Gesetz auch in der unbelebten Materie schon nachweisen. Es bedeutet letztlich, daß neue Qualitäten immer nur sprungweise erreicht werden – wofür der berühmte Quantensprung das erste Beispiel ist – und daß jeder solche Sprung in neue Qualität eine dauernde Form möglicher Existenz darstellt, die erst im Aufbruch zu weiteren, höheren Qualitäten wieder aufgegeben wird. Die Umlaufbahnen der Elektronen um die Atomkerne sind solche stabile Ruhestadien der Evolution der Elemente zu immer höherer Qualität, ebenso die stabilen neuen Qualitäten der Moleküle, die aus ihrer Verbindung entstehen. Aber vor allem im Bereich der Evolution der Organismen sehen wir die gleiche Erscheinung am Werk. Jede Tiergattung ist ein solches vorübergehend stabiles Ruhestadium der Evolution, aus dem dann – unvorhersehbar und nicht aus naturgesetzlicher Notwendigkeit – der Aufbruch des Artenwandels zur nächsten, höher entwickelten Form geschehen kann, die wiederum für Jahrmillionen stabil zu sein scheint. Und auch in der höheren Ordnung der Typen das gleiche Bild: Einzeller, als erreichter Grad organismischer Qualität für riesige Zeiträume die höchste Form des Lebens überhaupt – dann der Aufbruch der Typogenese (wie der Paläontologe Schindewolf es nannte) zur nächsten Qualitätsstufe, zum Hohltier oder zum Wurm und wieder die Konsolidierungsstufe auch hier. Weiter pulsierend ging die Entwicklung in neuen Etappen zum Fisch, zum Kriechtier, zum Säugetier, immer nach dem Takt des Evolutionsgesetzes, das jede erreichte Höhe neuer Qualität benutzt, um in einer Pause des Ruhens und Ausbreitens in der Ordnung sich doch zugleich zu sammeln zu einem neuen Sprung, bis hin zuletzt zum Menschen.

Und hier, in unserem eigenen Felde, wo die Evolution sich schließlich an uns und durch uns vollzieht, wird auch deutlich, daß der Werdegang aus Geborgenheiten und Aufbrüchen zu neuen Bergungen stets seinen Preis kostet. Immer muß Tribut gezahlt werden an die Schicht, die verlassen wird, immer Ballast abgeworfen werden, ehe man höhere Ebenen erreicht. Geburt bedeutet Verlassen des Paradieses einer vollkommenen, anstrengungslosen Versorgtheit, bedeutet, sich hinfort selbst bemühen zu müssen, um Atemluft und Nahrung, bedeutet also Gefahr durch nun erstmals mögliche Kälte und Verlassenheit und bedeutet daher Notwendigkeit der aktiven Zuwendung zur Welt. Wir werden in dem folgenden Kapitel sehr genau feststellen, wie der Aufbruch des Menschen aus der Geborgenheit der Naturgesetze, seine Geburt als Kulturwesen also, ebenfalls Preise fordert und daher eine Leistung, eine Tat darstellt. Es wird sich zeigen, daß hier der Triebverzicht, die Askese, als Motor für die Aufwärtsbewegung der Kulturentwicklung wirkt, daß also Verzicht auf Altes, Vertrautes der notwendige Preis für Gewinn des Neuen ist. Auch dies scheint ein unausweichliches Gesetz der Evolution zu sein – deutlich schon bei der ersten großen Stufe der Entwicklung der Lebewesen. Denn der Sprung vom Einzeller zum vielzelligen, arbeitsteiligen und hochorganisierten Lebewesen forderte den Preis des Todes, der nun erstmals auftrat: zurückgelassene Hüllen, Leiber, die ihre Lebenskeime für die neue Generation freigegeben haben und selbst vergehen, gibt es erst in dieser höheren, vielzelligen Stufe des Lebens; Tod der alten Hüllen ist der Preis für höhere Formen der Existenz!

Von Atomen zu Menschen und wieder zurück zu den Tieren, vom Einzelmensch zur Kulturgeschichte, sind wir in diesen Überlegungen hin und hergesprungen, weil wir das überall erkennbare Gesetz der Evolution deutlich machen wollen. Doch von jetzt an soll uns in allen folgenden Kapiteln nur noch der Mensch – die letzte Etappe der Evolution auf unserem Planeten – beschäftigen. Vom Naturgesetz zur geistigen Freiheit führte dieser Weg der Kulturgeschichte der Menschheit, den gleichen Verlauf nach dem Gesetz des pulsierenden Aufstiegs gilt es auch in der Menschwerdung jedes Einzelnen von uns zu leisten. Die Etappen beider parallelen Wege – der Phylogenie und der Ontogenie – wie Ernst Haeckel es so gerne nannte, der Stammesgeschichte und der Einzelgeschichte also, werden wir jeweils in den folgenden Kapiteln einzeln verfolgen, damit am Ende das Gesamtbild unserer Existenz als Menschheit und als Einzelner deutlich wird – eben als die Etappe, die nun, in unserer geschichtlichen Zeit, auf dem Wege der Evolution erreicht worden ist. Und von solcher Standortbestimmung aus kann dann der Blick gewagt werden in die Zukunft einer Menschheit, die auf dem Wege ist – mitten durch tiefe Krisen, die ihren Bestand bedrohen; und zugleich der Blick in die Zukunft jedes Einzelnen, der, vor dem Rätsel seines eigenen Todes stehend, nach Sinn und Wert der Existenz und nach möglichen Zielen der Evolution auch über diese letzte Hüllensprengung hinaus fragt.

Die Einleitung, die wir unserem Unternehmen in diesem ersten Kapitel gegeben haben, mußte theoretisch sein, denn es ging um das Wesen von Natur und Kultur, von Evolution und der Erscheinung des gerichteten Wachsens. Diese Vorbereitung ist nun geleistet, der theoretische Grund gelegt, und von nun an wird der Leser so konkret und praktisch – so ganz ihn selbst betreffend – an der Beschreibung des Wegs von der Natur zur Kultur teilnehmen können, wie es nötig ist, um den Anliegen einer Kulturbiologie zu dienen. Hier wird nicht irgendein philosophisches System im fernen Wolkenkuckucksheim entworfen, sondern hier heißt es »tua res agitur« – Deine Sache wird verhandelt. Deine und meine, unser aller Sache, nämlich: die zu werden, die wir sind, und zugleich immer neu aufzubrechen zu mehr, als wir jetzt sind; zu dem Menschen hin, der mit den Krisen und Nöten unserer Zeit, unserer Zivilisation, unserer Gesellschaft fertig wird und zuletzt auch mit dem Rätsel, das er sich selber ist. Versuchen wir also zu begreifen, was Menschwerdung heißt!

2 Vom Naturgesetz zur Gruppennorm

Was das alte Wort vom Menschen als dem »Zóon politikón« – dem kulturellen Lebewesen – deutlich machte, unsere Sonderstellung an der Nahtstelle zweier Seinsweisen, gilt in ganzem Umfang auch heute noch, nachdem Jahrtausende des Nachdenkens und Forschens vergangen sind. Wir stehen zwischen Natur und Kultur, sind Bürger dieser beiden Welten und vereinen sie in unserer Existenz. So hat der Philosoph Arnold Gehlen dem Menschen bescheinigt, daß er von Natur ein Kulturwesen sei, und so hat der Biologe Adolf Portmann von der Kultur als der zweiten Natur des Menschen gesprochen. Wenn der Biologe die Geschichte der Menschwerdung betrachtet, so handelt es sich für ihn also nicht einfach nur um die Evolution der Art *Homo sapiens*, die da – ganz im Rahmen der Natur – als ehemaliger Affe vom Baum gestiegen wäre, sondern es gilt, ein gänzlich neues Phänomen zu erklären: Wie konnte ein Lebewesen aus der schützenden Hülle der Natur herausbrechen und in den Bereich der Kultur – der Noosphäre, wie Teilhard de Chardin ihn nennt – eintreten? Mehr noch: da diese Kultur erst im Prozeß der Menschwerdung entsteht, ja ihr eigentliches Ergebnis ist, müssen wir zu begreifen versuchen, wie dieses einmalige Lebewesen Mensch im Laufe seiner historischen Entwicklung den geistigen Raum der Kultur selbst erschuf – wie er zum nicht mehr von der Natur Getriebenen, sondern über sie Herrschenden, zum »politischen Lebewesen« werden konnte.

Die biologischen Artmerkmale, die uns von den Tieren trennen, sind nach Portmann: Sprache, aufrechter Gang und einsichtiges Handeln. Wie wenig diese drei Kennzeichen des Menschen eigentlich mit der Natur und ihren Zwängen zu tun haben, zeigt uns jeder neugeborene, noch ganz in der Natur geborgene Säugling. Er besitzt diese drei Merkmale nämlich noch nicht und muß sie in einem mühsamen Prozeß von seiner menschlichen Umgebung erwerben. Wer aber war der Lehrmeister oder die »Bezugsperson«, von der die frühen Vormenschen vor zehn Millionen Jahren das erwerben konnten, was sie doch erst zu Menschen machte?

Dieser Prozeß der Hominisation ist für den heutigen Biologen durchaus noch voller tiefer Geheimnisse. In einem Jahrmillionen langen »Tier-Mensch-Übergangsfeld« muß sich allmählich und in vielen kleinen Stufen dieser Übergang vollzogen haben, so nimmt die Wissenschaft an. Doch könnte es auch plötzlich in echten Qualitätssprüngen geschehen sein. Da exakte Tatsachen fehlen und die fossilen Schädel uns nichts verraten von den Gedanken, die einst in ihnen lebten, bleibt hier viel Raum für Spekulation. Hoimar von Ditfurth – ein guter Kenner der Gehirnentwicklung – beteuert derzeit in einem Sachbuch: »Der Geist fiel nicht vom Himmel«, aber Konrad Lorenz, der nachdenkliche und kenntnisreiche Verhaltensforscher, versichert in seinem »Blick auf die Rückseite des Spiegels« das Gegenteil: als Fulguration – als Blitz, der in die Materie fuhr – sei das Ereignis der Menschwerdung, die Entstehung des Geistes in der Geschichte der Evolution zu betrachten. Doch mögen diese beiden extremen Aussagen nebeneinander stehenbleiben – sie betreffen das Geheimnis des menschlichen Geistes und zeigen nur die Ohnmacht aller unserer Lösungsversuche an. Aber die Kultur, in der dieser menschliche Geist sich schließlich zu so rätselhaften Höhen entfalten konnte, ist an sich nicht unverständlich. Sie läßt sich beschreiben und daher in den Versuch einbeziehen, die Hominisation zu verstehen. Kultur ist der geistige und auch technisch-materielle, vom Menschen der Natur abgerungene Raum, in dem nicht mehr ausschließlich die Naturgesetze gelten, sondern zusätzlich andere höhere Regeln mit ihren spezifischen Zwängen und Freiheiten. Kultur hindert den Menschen an vielem, was er von Natur aus tun könnte, sie befähigt ihn aber dadurch zugleich, weit über die Möglichkeiten der Natur hinaus in die Höhen neuer – in der Natur selbst gewissermaßen gar nicht vorgesehener – Freiheiten aufzubrechen.

Auf diesem Wege von der Natur zur Kultur – vom Gesetz zur Freiheit – sind die unterschiedlichen Menschengruppen der Erde ganz verschieden weit vorangekommen. Das Ziel hat bisher wohl keine erreicht, aber die vergleichende Völkerkunde lehrt uns doch deutlich, daß manche sogenannte Primitive noch tief in den Zwängen und auch den Geborgenheiten der

Natur stecken, während andere sich in einem hüllensprengenden Entwicklungsschritt der Evolution weit und erfolgreich hinausgewagt haben auf das ungeschützte Feld des »Freigelassenen der Natur«, wie Herder den Kulturmenschen nannte. Man sprach daher früher auch einfach von Naturvölkern im Gegensatz zu den Kulturvölkern und ihren Kulturen.

Wollen wir den Weg der Menschwerdung im Sinne der Kulturentstehung verstehen, so werden wir also nach der Möglichkeit greifen müssen, gerade diese Naturvölker gewissermaßen als lebende Kultur-Fossilien, als konservierte Zwischenstadien, sehr ernst zu nehmen. Ein Biologe wäre sehr wohl in der Lage, auch die gesamte Evolution der heutigen Tierwelt in groben Zügen zu rekonstruieren, selbst wenn es für ihn keine echten Fossilien gäbe: allein die noch lebenden primitiven Formen gäben ihm Hinweise genug. So kann also durchaus auch der Versuch gewagt werden, die Kultur-Evolution des Menschen – einen Jahrhunderttausende langen Prozeß – zu rekonstruieren, und zwar aus der Betrachtung der gegenwärtigen Vielfalt unterschiedlicher Entwicklungshöhen und natürlich unter voller Berücksichtigung der Überlieferungen, die doch wenigstens in günstigen Fällen einige Jahrtausende zurückreichen. Diesen Weg also haben wir hier zu gehen. Dabei wird uns nicht die Besonderheit irgendeiner Kultur, einer Rasse, eines Volkes zu beschäftigen haben, sondern gerade das, was sich als gemeinsamer Bestand an Regeln und Kulturgesetzen aus allen Frühkulturen herausschälen läßt – falls es solche allgemeinen Kennzeichen überhaupt gibt. Dies ist durchaus der Fall. Ein erster Hinweis in dieser Richtung findet sich bei dem französischen Völkerkundler Claude Lévi-Strauss, der als bedeutendster Kenner der amerikanischen Indianerkulturen gilt und als Begründer der strukturellen Anthropologie eine Autorität darstellt. Er fand die verschiedenartigen Heiratsgebote als gemeinsame Konstante der untersuchten Kulturen – ob sie nun im einzelnen matrilinear, matrilokal, patrilinear, endogam, exogam oder wie auch immer waren. Erst die Errichtung und strenge Einhaltung von Heiratsgeboten, so zeigt Lévi-Strauss, hat die Konstituierung von Familien, von festen Verwandschaftsstrukturen ermöglicht; dabei vor allem auch die Kenntnis von Vaterschaft und damit zugleich den Vater selbst als eine soziale und kulturelle Institution. Chinesische Überlieferung sagt entsprechend: Die ersten Menschen waren noch mit Fellen bekleidet, krochen auf allen Vieren, kannten nur ihre Mütter und nicht ihre Väter! Das Heiratsgebot steht also nach Lévi-Strauss' Überzeugung am Beginn der Kultur, es stellt die erste Kulturtat des Menschen dar.

Ein anderer, der polnische Philosoph Kolakowski, schreibt einmal, das Feigenblatt sei die erste Kulturtat des Menschen gewesen, nämlich seine erste »Opposition zur Natur«. Heiratsgebote und Feigenblatt (also Lendenschurz und andere Bekleidung, die nicht wärmen, sondern vor Blicken schützen soll) – beide haben etwas gemeinsam: Sie sind Verbote, die biologisch, von der Natur her, durchaus vorhandene Möglichkeiten im Sinn eines »Du sollst nicht!« einschränken.

Solche Einschränkungen der biologischen Möglichkeiten lassen sich nun in großer Fülle in allen Frühkulturen beobachten; wir bezeichnen sie heute meist mit dem Namen, den sie im indomalaiischen Raum tragen: Tabu. Was ist nicht alles tabu für einen Angehörigen einer Frühkultur! Unbetretbare Orte gibt es, unaussprechliche Worte, verbotene Berührungen, verbotene Handlungen, unreine Speisen – überall einengende Vorschriften, denen in aller verwirrenden Vielfalt eines gemeinsam ist: *Man darf nicht alles, was man kann.* Nicht die biologischen Gesetze weisen dem Körper und der Seele die Grenzen, sondern ganz innerhalb des biologisch Erlaubten (ja Wünschenswerten und manchmal sogar höchst Nützlichen) gibt es die neue, die engere Grenze des kulturell (man könnte auch sagen: kultisch) Verbotenen!

Oder drücken wir es anders, biologischer aus: nicht das Gesetz der Art – für das jedes Individuum nur ein Instrument ihrer Erhaltung ist –, sondern das Gesetz einer Gruppe innerhalb dieser Art wird für das Individuum bestimmend. Diese Gruppennormen aber sind schärfer, einengender als die biologischen Möglichkeiten der Art – sie gehen vor! Nicht länger ist alles, was der Fortpflanzung oder der Erhaltung der Art nützt, damit auch notwendiger Auftrag an jedes ihrer Exemplare. Nicht länger muß alles, wofür die genetische Information, die

Hormone, die angeborenen Instinkte, den Einzelnen bereitstellen und befähigen, nun als biologisches Programm auch wirklich ablaufen. Vielmehr ist nun, wo es Tabus gibt, die aus dem Bereich des Biologischen, für die Art Notwendigen, das für die Gruppe Richtige herausschälen, erstmals die moralische Dimension aufgebrochen: Du darfst nicht alles (denn die Gruppennorm erlaubt nicht alles), was Du kannst (was die genetische Information der Art, zu der Du gehörst, ermöglicht und erzwingen will).

Diese Gruppenbildung oberhalb der Art ist eine Steigerung der Organisationshöhe der Evolution, die offensichtlich schon unterhalb des Menschen – in den höchsten Etagen tierischer Entwicklung – ansetzt. Nur die niederen Tiere leben ja völlig in dem vorpersonalen Zustand von Exemplaren, von austauschbaren Einzelobjekten des alles bestimmenden Gen-Pools der Arten. Aber höherentwickelte Tiere – vor allem viele Vögel und Säugetiere – zeigen eine andere, eben die personale Existenzform. Sie sind wirklich Individuen, ja mehr: Personen, das heißt nicht mehr bedingungslos austauschbare, sondern als solche erkennbare Einzelne. Mit der Mutter-Kind-Prägung (von der in späteren Kapiteln die Rede sein wird) beginnt diese Fähigkeit der Erkennung Einzelner, die für Partnerschaft und für hierarchische Gruppierungen die unumgängliche Voraussetzung bildet. Alle arbeitsteiligen Tiergesellschaften zeigen solche personalen Züge ihrer Mitglieder bereits in hohem Maße. Bei den wild lebenden Schimpansen, die von der englischen Verhaltensforscherin Jane van Lawick-Goodall in freier Wildbahn beobachtet wurden, ist diese Evolution schließlich so weit gediehen, daß sich der einzelne Merkmalsträger innerhalb der Gruppe sogar von seiner Funktion lösen und damit echte Person werden kann: nicht der jeweils Stärkste ist »Oberaffe« (also der anonyme jeweilige Titelhalter im Wettbewerb um diese Position), sondern ein bestimmter alter Graubart, der zwar wirklich auch einmal der Stärkste war, es aber heute längst nicht mehr ist.

Überall wo im Tierreich diese personale Etage erreicht ist, können sich die Gruppen nun als die eigentlichen Schauplätze des innerartlichen Lebens bilden. Die Gruppen sind jetzt auch die eigentlichen Akteure im Kampf ums Dasein, denn er ist nicht mehr der Kampf aller gegen alle, damit die besten dann die Art fortpflanzen (so lautet ja das Darwinsche Konzept der Arterhaltung und Artverwandlung), sondern er wird zur Auseinandersetzung zwischen den Gruppen, wobei die am engsten zusammenhaltende, am strengsten arbeitsteilig gegliederte und disziplinierte den anderen überlegen ist. Für diesen Zusammenhalt der Gruppe aber, die für sie (und damit für jedes ihrer Mitglieder) nun lebenwichtig ist, genügen nicht länger die Verhaltensweisen, die dem allgemeinen Gesetz der Art gehorchen, sondern es wird eine Einengung auf die besonderen Merkmale nötig, die jeweils nur die Gruppe auszeichnen. Man muß diese besonderen Merkmale besitzen, sonst gehört man eben nicht dazu: Eine verflogene Biene im fremden Stock, eine verirrte Ameise aus einer Nachbarkolonie, eine Taube im fremden Schlag oder eine Ratte in der fremden Sippe werden, obwohl sie Artgenossen sind, als Eindringlinge getötet – allein die Gruppe, der Stock, die Sippe gilt!

Man muß also die Parole kennen, wenn man dazugehören will – man darf gewissermaßen nicht alles äußern, was man äußern könnte, nicht duften, wie man duften könnte, sich nicht verhalten, wie man sich verhalten könnte, sondern die Gebote der Gruppe sind zu befolgen, wenn man selbst existieren will. Merkmale aber, die eine Gruppe kennzeichnen, werden zumeist nicht angeboren sein wie die Artmerkmale, sondern müssen erworben werden. Dies geschieht passiv, etwa durch die Annahme des Nestgeruchs, in dem man aufwächst, oder es muß aktiv geschehen durch geprägte oder erlernte Aneignung der Gruppennormen, also durch Kenntnisnahme ihrer Struktur und durch allmähliche Einbringung der eigenen Person in diese Struktur. Alle höheren Lebewesen, die der Gruppenbildung fähig sind, finden wir daher auch ausgerüstet mit der Fähigkeit zu dieser gesellschaftlichen Anpassung. Das angeborene Verhaltensinventar macht solche Herdentiere eben zu geborenen »Mitläufern«, die als Jungtiere eifrig erlernen, was man in der Gruppe, in der sie heranwachsen, tut und wie man sich in die Gegebenheiten der Hierarchie eingliedert.

Was uns hier bereits in der tierischen Stufe als gruppenbildende und gruppenerhaltende Fähigkeit der Anpassung an jeweilige Normen begegnet, findet sich auch im Menschen als instinktive Ausstattung vor. Auch der moderne Mensch kann sich auf das Funktionieren solcher Instinkte durchaus noch verlassen, wenn er etwa plötzlich als Fremder in eine Gruppe eintritt, zu der er gehören möchte. Er achtet dann weniger darauf, was er selbst im Augenblick möchte oder könnte, als darauf, was »man« in dieser Gruppe tut. Er respektiert den ihm erkennbar werdenden Normenkatalog – und schon ist er »in«! Er schlüpft also durch einen solchen Akt des Verzichts auf eigene Wünsche und des Gehorsams gegen fremde, ihm vielleicht sogar ganz unbegreifliche Spielregeln in die bergende Hülle der Gruppe und ist dann – als Lohn solchen Verzichts – in ihr aufgehoben.

Wenn aber selbst wir solche Instinkte des Einspürens und Einpassens in Gruppennormen – solche Mitläufertalente – noch so deutlich besitzen (obwohl wir doch angeblich Instinkt-Mängelwesen sind), wieviel stärker müssen diese Fähigkeiten dann bei den Menschen der frühen Kulturstufen gewesen sein! Für sie galt in vollem Umfang, was ein später barbarischer Rückfall in Biologismus einmal nannte: »Ich bin nichts, mein Volk (meine Partei, meine Kaste, meine Sippe) ist alles!« Dieses Gruppendenken war für alle frühen Kulturen so durchgängig bestimmend, daß der darunterliegende Begriff der Art Mensch gar nicht erkennbar wurde. »Menschen« – nun, das sind die Mitglieder der eigenen Gruppe, alles andere sind Unmenschen, sind Barbaren, Fremde, Unberührbare, Tiere. Tatsächlich haben alle alten Völker in schlichter Selbstverständlichkeit auch in ihrer Sprache ihr eigenes Gruppen-Ich auf diese Weise allen anderen, »minderen« Lebewesen gegenübergestellt, und es bedurfte einer langen, vielhunderttausendjährigen Kulturentwicklung, ehe es möglich wurde, hinter der Gruppe die gemeinsame Art zu sehen und als verbindend zu erkennen – also schließlich zu sagen: »Alle Menschen werden Brüder!«

Auf diesem langen Weg der Kulturevolution, den wir betrachten wollen, galt es, die angeborenen gruppenbildenden Instinkte der Anpassung an Verhaltensnormen im Bereich des

Geistigen zu sublimieren, also zu lernen, eigene Wünsche und Möglichkeiten zu relativieren und zu disziplinieren, denn diese geistige Disziplinierung, die im Verzicht auf mögliches Handeln erbracht wird – die Askese, wie wir es nennen wollen –, ist offenbar der dem Menschen und seiner Kulturevolution vorbehaltene Hebelarm, mit dem die Allgewalt und Allgegenwart der Naturzwänge angewuchtet und aufgehoben wird. Nicht über die Natur hinaus – wer könnte das? –, sondern hinter sie bewußt zurücktretend, entsteht in großer asketischer Anstrengung dieser Raum, der sich dann später als neue Dimension weiten kann zum eigentlichen Lebensraum des Menschen, zur Kultur mit ihren neuen Freiheiten.

Es läßt sich zeigen, daß diese asketische Anstrengung, die wir als Grundbedingung der kulturellen Menschwerdung bezeichnet haben, die gesamte Skala menschlicher Verhaltensweisen umfaßt und deutlich in sämtlichen psychischen Antriebsbereichen unserer Art festzustellen ist. Nach der von Christa Meves ausgearbeiteten und veränderten Antriebslehre der neofreudianischen Schultz-Hencke-Schule wollen wir dabei die Windrose biologischer Antriebsrichtungen in eine Vierzahl aufteilen, die sich auch im Tier-Mensch-Vergleich als besonders praktisch erwiesen hat.

1. Der Nahrungstrieb regelt das Nahrungs- und Besitzverhalten des Menschen. Er ist als erster und einziger Antrieb in Form von Saug- und Klammerreflexen sowie instinktiv vorgebahnten Auslösemechanismen bereits unmittelbar nach der Geburt funktionsfähig und erfährt in der frühen Mutter-Kind-Beziehung seine endgültige Ausformung. Alle Mundbezogenheit, die sog. »Oralität« des Erwachsenen, Nahrungsaufnahme, Trinken, Saugen (Rauchen!), ja auch das geistige Einnehmen und Sich-Einverleiben, alles An-sich-Ziehen, Inbesitznehmen, Sammeln und Horten wurzelt biologisch in dem instinktiven Verhaltensinventar dieses Elementartriebes.

Die asketische Einschränkung, die diese nach dem Triebziel lustvoller Sättigung strebenden Verhaltensweisen im Bereich der Frühkulturen erfahren, ist evident: Es sind die Tabuisierungen gewisser an sich möglicher, vielleicht gar wohlschmekkender Speisen. Im Alten Testament ist uns in den mosaischen

Speisegeboten für die Frühkultur des Volkes Israel ein deutliches Beispiel für einen solchen oralen Tabu-Katalog überliefert. Er findet sich ähnlich bei allen Naturvölkern der Erde: Keines, bei dem nicht bestimmte Nahrungsmittel – meist bestimmte Tierarten – verboten wären, ebenso wie bestimmte Zubereitungsarten oder Zeitvorschriften zu beachten sind. Es wäre unsinnig, weil dem magisch-emotionalen Bewußtseinsstand dieser Völker unangemessen, die Gründe für diese Verbotstafeln rational in der Hygiene zu suchen. Nicht wegen der Trichinengefahr ist das Schweinefleisch für einige Kulturen tabu, sondern weil das Schwein als dämonisch abgelehnt wird. Aber wo auch immer einsichtige Gründe für solche Speisegebote liegen mögen (meist sind sie rational völlig uneinsichtig), der Effekt der Tabuisierung ist eindeutig. Obwohl wir Menschen physiologisch zu den »Allesfressern« gehören und auch unser Gebiß ausweist, daß wir einem sehr ausgedehnten Speisezettel angepaßt sind, erlegen Speiseverbote den Mitgliedern jeder menschlichen Frühgruppe strenge Einschränkungen auf, die als asketische Pflichtübungen selbst in Hungersnotzeiten genauest eingehalten werden müssen. Der Katalog dieser verordneten Askese ist ungemein bunt und vielfältig und macht einen erheblichen Teil des gesammten völkerkundlichen Materials aus, das die Wissenschaft kennt. Auch Besitzverhalten ist entsprechend geregelt: nach Material und Umfang bestehen meist streng tabuisierte Grenzwerte, oft in Verbindung mit den sozialen Kasten und Ständen. Mit einem Wort: kein Angehöriger einer Frühkultur darf im Bereich der Nahrungsaufnahme und des Besitzes alles tun, was er könnte – stets zieht ihm die Kulturnorm engere Grenzen als das Naturgesetz.

2. Der Bindungstrieb regelt die emotionalen Beziehungen zur sozialen Umwelt, das heißt beim menschlichen Säugling zunächst zur Mutter und nach erfolgter Absättigung zu weiteren Bezugspersonen. Mit angeborenen Verhaltensweisen (zum Beispiel dem Lächeln) und Prägungs- sowie Lernerlebnissen ausgestattet, wächst er sich beim Erwachsenen zum Gesamtbereich der zwischenmenschlichen Bindungen, zu Kontakt, Neugier, schutzsuchendem Anschluß sowie zu Partnerschaftsverhalten aus.

Auch hier zeigt der völkerkundliche Vergleich ein reiches Material an biologisch ganz unverständlichen Tabuisierungen. Für die ungemein wichtige und kennzeichnende Fähigkeit des Sprechens und damit der formbar und austauschbar gewordenen Information (die lebenswichtig sein kann) ist es vom biologischen Prinzip der Selektion her geradezu unlogisch und schädlich, daß asketische Einschränkung die Kontaktmöglichkeit vermindert. Und doch ist es kultische Vorschrift in zahllosen Fällen: die nichtberührbaren Parias in Indien (selbst ihr Schatten verunreinigt den Brahmanen!) sind ein bekanntes Beispiel, aber die Berührungs- und Redeverbote sind weit verbreitet, zum Beispiel bei den amerikanischen Indianern. Strengstes Bindungsverbot (weder Berühren noch Sprechen) herrscht bei sehr vielen Frühkulturen sogar innerhalb der Familie, zum Beispiel zwischen Bruder und Schwester. (Der stolze Winnetou, der sich mit seiner Schwester über den Goldschatz des Vaters und Häuptlings berät, ist ein schwerer völkerkundlicher Schnitzer Karl Mays!) Auch die Bewegungsfreiheit wird asketisch eingeschränkt: Tabu-Zonen, Heilige Haine, für alle oder für Teile der Gruppe unbetretbare Gebiete – für Frauen, für die Bewohner der unteren Dorfhälfte, für Kranke. Wieder gilt: Kein Angehöriger einer Frühkultur darf im Bereich des Bindungstriebes alles, was er könnte, jeder muß seine intentionalen Bedürfnisse in kulturell kanalisierte Bahnen einengen.

3. Der Selbstbehauptungstrieb sorgt für die eigenen Interessen gegenüber der Umwelt, drängt anderes zurück, um eigene Ansprüche durchzusetzen. Beim Kind tritt er nach erfolgter Mutterbindung im Trotz erstmals deutlich auf und leistet die biologisch notwendige Ablösung als Voraussetzung zur Selbständigkeit. Auch hier spielen angeborene Instinkte und erlernte Verhaltensweisen zusammen und ergeben beim Erwachsenen die Basis für das weltzugewandte, aggressive Handeln im weitesten Sinne, also für die Mechanismen der Selbstverteidigung, des Drohens und Imponierens bis zu Angriffshandlungen und zu schöpferischer Tätigkeit.

Angeborene Tötungshemmungen, die diesen Triebbereich einengen, gibt es nun zwar schon bei höheren Tieren. Doch zeigen die Menschen in den Frühkulturen darüber hinaus kultische (biologisch weitgehend sinnlose) Tötungsverbote, die besonders bei Jägervölkern erstaunen. Im Zusammenhang mit totemistischen Vorstellungen findet sich zum Beispiel als weit verbreitete Erscheinung das Tötungsverbot für das Totem-Tier (das für jeden Clan verschieden ist). Die auffallendste und zugleich weitest verbreitete Askese im Bereich des Selbstbehauptungstriebes wird aber im Ertragen von Schmerzen, im Verzicht auf Verteidigung oder sogar in freiwilliger Verletzung des eigenen Körpers erbracht. Mutproben, Schmucknarben, Beschneidungen, Durchbohrungen von Ohren und Nasenscheidewand, Herausreißen von Haaren und Zähnen – alle diese eigenartigen und für Frühkulturen überaus typischen Riten sind Leistungen, die vom Einzelnen auf dem Gebiet des aggressiven Triebs als Verzicht erbracht werden. Sie demonstrieren erneut das alte Grundgesetz der Kultur: Kein Mitglied der Gruppen darf vom Naturrecht der Vermeidung von Schmerzen durch Verteidigung oder Flucht ungehemmt Gebrauch machen, vielmehr wird von ihm verlangt, daß er in bestimmten Fällen asketisch leidend darauf verzichtet. Diese Leistung wird zum Selbstzweck im Kampfspiel, das für Angriff wie für Verteidigung strenge Regeln hat, die wiederum stets bedeuten, daß der faire Kämpfer weniger darf, als er – ohne Komment – könnte. Kampfspiele, aber auch echte Zweikämpfe und selbst kriegerische Auseinandersetzungen sind streng ritualisiert und weit hinter die Grenze des biologisch Möglichen zurückgenommen: aber alles dies wiederum nicht wie bei dem artspezifischen Kampfverhalten der Tiere durch angeborene Instinkte, sondern durch erlernte Techniken und freiwillige Unterwerfung unter Regeln und Normen der kultischen Gruppe.

4. Der Geschlechtstrieb drängt zur Übernahme einer Geschlechtsrolle und zu ihrer Ausübung. Beim Kind tritt er zugleich mit dem geschlechtsbezogenen Schamgefühl auf und ist in seiner Entfaltung weitgehend auf das elterliche Vorbild angewiesen, kann später weitere Ausformungen durch die spezielle Umwelt erfahren und mündet beim Erwachsenen in das gesamte Feld des Selbstdarstellungs- und Fortpflanzungsverhaltens.

Tabus und asketische Vorschriften in diesem Bereich sind allgemein bekannt, denn sie sind keineswegs auf Naturvölker beschränkt, sondern erscheinen uns oft geradezu als kennzeichnend für unsere eigene Hochkultur, von der her im romantischen Rückblick das Märchen von der paradiesischen Unschuld (sexuelle Ungebundenheit) der Naturvölker seinen Ausgang nimmt. Solche Naturromantik trübt leicht den Blick für die Wirklichkeit. Zwar gibt es andere Eheformen als unsere, gibt es Vielweiberei und sogar weitgehende sexuelle Freizügigkeit in einzelnen Frühkulturen, doch finden sie stets vor dem Hintergrund strenger Normen und unter Beachtung unerbittlicher Tabus statt. Wiederum gilt: Kein Angehöriger einer Frühkultur darf alle Regungen seines Geschlechtstriebes so ausleben, wie er es biologisch könnte und eventuell wünschte. Stets ist der Zeitraum, die Art der Betätigung und der dafür zugelassene Personenkreis in irgendeiner Weise deutlich eingeschränkt. Vor allem gilt dies für die Fortpflanzungsgemeinschaft, deren strenge Heiratsgebote von Lévi-Strauss – wie anfangs schon erwähnt – als nicht nur typisch, sondern sogar begründend für die Entstehung der Kulturen angesehen werden.

Die Reifungsriten – zum Beispiel die schon beim vorigen Antriebsbereich erwähnten Beschneidungen –, Reinigungsvorschriften im Zusammenhang mit der Menstruation, Regeln der Brautwerbung, Vorschriften über Ehevollzug, Geburt, Witwenschaft, machen einen erheblichen Anteil des kulturellen Verhaltensinventars der Naturvölker aus und sind insgesamt weit entfernt von ungehemmtem biologischem Triebvollzug. Darüber hinaus lassen das Ausheiraten der Töchter im Patriarchat sowie das allgemeine Verbot der Heirat innerhalb von bestimmten Verwandtschaftslinien und Sozialstrukturen – also die Summe der Richtungsgesetze – dem Einzelnen wenig Raum für persönliche, von Sympathie getragene Partnerwahl. Die Große Liebe – als alle Strukturen und Vorschriften außer Kraft setzende persönliche Partnerwahl – ist weder in der Natur des Geschlechtstriebes vorgegeben noch in seiner asketischen Überformung der Frühkulturen möglich, sondern kennzeichnet geradezu die Spätform von Kulturentwicklung, in der die einengende Macht von Gruppennorm und Tabu weitgehend überwunden ist. Als stärkstes aller sexuellen Tabus ist aber das Inzestverbot (also das Verbot von Geschlechtsbeziehungen zwischen engsten Blutsverwandten) selbst in allen Hochkulturen noch voll erhalten. Es stellt die kulturell (nicht biologisch) am meisten notwendige Form des Triebverzichtes dar, die – weil von fundamentaler Bedeutung für die Aufrechterhaltung eindeutiger Familienstrukturen – zu einer kulturanthropologischen Konstante aller Rassen und Völker geworden ist.

Die imponierende Eindeutigkeit der asketischen Anstrengungen in allen vier Antriebsbereichen möglichen Handelns – in der ganzen Windrose biologischer Triebrichtungen – führt zu der Anfrage, warum eigentlich der Mensch, der »erste Freigelassene der Natur«, seine gewonnene Freizügigkeit nicht als Zügellosigkeit genießt, sondern sich im Gegenteil in der Übernahme der Kulturgesetze freiwillig neuer und größerer Unfreiheit unterwirft. Mit anderen Worten: Woher kommen alle diese Tabus und Verbote, die dem frühen Kulturmenschen sein Triebleben so schwer machen? Oder formulieren wir einmal in modisch-ideologischer Sprache: Wer errichtete die Herrschaftsstrukturen der Triebunterdrückung und Entfremdung?

Unsere Geschichte lehrt nun zwar tatsächlich in vielen Beispielen, daß einzelne Herrscher Verbotssysteme und Triebunterdrückung als Instrument der Manipulation und Disziplinierung gewaltsam durchsetzten und so ihre Macht sicherten. Hier liegen also Motive und Zweckmäßigkeiten klar auf der Hand. Aber solche historischen Erfahrungen können uns wenig helfen, wenn wir an die biologischen Wurzeln der Menschwerdung vordringen wollen, denn wir kommen dabei bald in Zeitalter, die viele Jahrtausende zurückliegen und nach der ganzen Gruppenstruktur und mutmaßlichen Bewußtseinslage der damaligen Menschen den Großen Mann, den Tyrannen in unserem Sinn, noch gar nicht kannten. Für marxistische Lehren ist daher in der Frühgeschichte der Menschheit kein Material zu holen – man müßte denn, wie Karl Marx und vor allem Friedrich Engels es taten, die »Urhorde« zunächst in freier Spekulation nach eigenen Wünschen herrichten!

Objektive Wissenschaft wird nicht umhin können, für die Herkunft der frühen Kulturnormen vor allem deren Mitglieder selbst zu befragen. Tatsächlich liegt im Mythos aller Völker eine jeweils eindeutige Antwort bereit auf die Frage nach dem Woher ihrer Tabus und Normen – diese Antwort muß ernst genommen werden. Sie mag im einzelnen noch so skurril oder unverständlich erscheinen – immer wird sie in großer Dringlichkeit auf eines hinweisen: die Verbote wurden gesetzt von hohen, meist deutlich jenseitigen Autoritäten, von Gott oder Göttern, von mythischen Halbgöttern oder Ahnen. Die gemeinsame Botschaft aller speziellen Auskünfte ist eine sehr allgemeine Aussage: Die Verbote wurden gewissermaßen von oben her geschenkt, sie kommen aus einem dem Walten der Natur entgegengesetzten und eindeutig übergeordneten Bereich. Nennen wir ihn den Bereich des Geistes, also den, zu dem die Menschen eben im Akt der Annahme dieser Verbote – also im Beginn der Kulturentstehung – aufbrechen!

Man darf überzeugt sein, daß diese frühen Menschen – ebenso wie Kinder heute noch – solche aus letztlich unbegreiflicher Höhe auf sie herabkommenden Gesetze einer Autorität als Last und Geschenk zugleich empfinden, denn in ihnen manifestiert sich eine Macht, deren Stärke und Strenge zugleich Schutz bedeutet. Daß man damals Strenge sogar als Liebe einer schützenden, jenseitigen Autorität zu verstehen bereit war, zeigt die uralte Paradieserzählung des Alten Testamentes. Der Schöpfergott Jahwe setzt dort mitten in sein dem Menschen zuliebe bereitetes Paradies ein Tabu – einen Baum mit verbotenen Früchten. Diese Einschränkung aber macht dem Menschen (vor dem Sündenfall) das Paradies erst vollkommen, denn sie schenkt ihm die Gewißheit der starken und schützenden Autorität, die hinter allen Liebeswerken der Schöpfung steht.

Wer hier zögert und einwendet, daß eine Herleitung der Kulturnormen vom »Geist« doch unbewiesene Spekulation bleibe, solange dieser Geist (oder gar Gott) nicht wissenschaftlich bewiesen sei, dem muß gesagt werden, daß selbst der Geist, den wir als unser eigenes »Ich« kennen, eine naturwissenschaftlich völlig unbegreifliche Erscheinung bleibt, deren

Leugnung dennoch sinnlos wäre. Warum sollte man dann die Auskunft der Mythen nicht ernst nehmen, daß dieser unbegreifliche Geist und mit ihm die Kultur, die sein Lebensraum ist, aus jenen Regionen stammt, die über der Natur und ihren Gesetzen stehen? Daß Kultur »gestiftet« werden muß, also nicht aus eigener Anstrengung allein erbracht werden kann, liegt als Wissen in unserer Sprache selbst. Zum Schöpfer – dessen »ordnende Absicht« (Kant) unübersehbare Voraussetzung der erkennbaren Schöpfung ist – tritt die ebenso denknotwendige Vorstellung des Stifters, der Kultur durch Setzung von Geboten ermöglicht.

Aber woher auch immer sie stammen mögen: Die Übernahme der Verbotstafeln bringt dem frühen Menschen ganz offensichtlich mit der Last der Askese zugleich ein unmittelbares Geschenk, nämlich die Geborgenheit in der Gruppe gleichartiger Normerfüller. Wer immer ansetzt, sich aus bergenden Hüllen zu befreien – und die Natur mit ihren verläßlichen und eindeutig erfahrbaren Gesetzen ist bergende Hülle für alle ihre Angehörigen –, der fällt in all seiner neugewonnenen Freiheit zunächst in einen Raum der Ungeborgenheit, die Angst macht. Solche Angst aber ist in der Gemeinschaft vieler besser zu ertragen. In der enggefügten Kulturgemeinschaft von Verschworenen, die den gleichen hohen asketischen Preis für ihre Zugehörigkeit zahlen, wächst daher eine Kulturgemeinschaft zur neuen Hülle aus, in der der Einzelne Schutz findet – einen Schutz, der gerade durch die Strenge der Verbote und die Stärke ihres Stifters garantiert wird.

Daher auch wird der Normübertreter, der Askeseverweigerer, der diese Hülle verletzt, zum Feind aller und erbarmungslos ausgemerzt. Ein Henker ist zur Bestrafung des frühen Sünders (der die Tabus bricht) nicht nötig. Die Gruppe insgesamt exekutiert ihn – verstößt ihn, versenkt ihn im Moor, steinigt ihn –, heilt sich damit selbst und stellt die Geborgenheit im Gesetz für alle wieder her. Daran hat sich im Prinzip auch in unserer von Gruppenzwängen weitgehend emanzipierten Gesellschaft nichts geändert, denn die Stärke und Geschlossenheit einer Gruppe hängt direkt ab von der Strenge, mit der sie ihre Rebellen straft: Ein Aus-der-Reihe-Tanzen gibt es nicht bei verschworenen Gemeinschaften und Geheimbünden. Hart und erbarmungslos werden Abtrünnige ausgeschaltet und liquidiert, wofür Mafia und Klu-Klux-Klan ebensolche Beispiele liefern wie Anarchisten und Terroristen heute.

Die von jedem Menschen in seiner erblichen Grundausstattung im Bereich der Selbstbehauptung mitgebrachten Fähigkeiten der Einordnung in die soziale Hierarchie (»Hackordnung«) befähigt den Einzelnen in der kulturellen Gruppe instinktiv zur Anpassung und Einordnung. Das Mitläufertum des Normerfüllers – das uns von der Warte gegenwärtiger Entwicklungsmöglichkeiten des Individuums her manchmal verächtlich erscheint – muß daher zunächst einmal als ein in Frühkulturen absolut angemessenes Verhalten erkannt werden, ja als notwendige Voraussetzung dafür, daß diese ersten wichtigen Schritte der durchaus noch kollektiven Menschwerdung überhaupt möglich wurden.

Erst wenn die bergende Hülle der kultischen Gemeinschaft von Normerfüllern sich im Prozeß der Menschwerdung schließlich als zu eng erweist, kann sie in einer neuen, hüllensprengenden Phase der Kultur-Evolution vom Einzelnen neu durchbrochen werden. Das ist der Schritt, von dem das nächste Kapitel handeln soll.

3 Von der Gruppe zur Freiheit des Einzelnen

Die Gruppe ist uns im vorangegangenen Kapitel als die eigentliche Ebene des kulturellen, des wirklich menschlichen Geschehens erschienen, sie – noch nicht das einzelne Mitglied – ist jetzt der »erste Freigelassene der Natur«, sie leistet den Aufbruch aus dem Gesetz in eine dem Menschen vorbehaltene Stufe der Freiheit. Doch besteht diese Freiheit, die wir als asketische Anstrengung aller erkannten, nicht nur im gemeinsamen »Nein!« der Mitglieder, ist nicht allein Verweigerung, bei der das Individuum letztlich nur aus dem Regen in die Traufe geraten wäre, das heißt aus dem Zwang der Artgesetze in die noch engeren Fesseln der Gruppennorm. Wäre es nur dies, so hätte Friedrich Nietzsche recht, der hinter der Moral einen »Willen zur Verneinung des Lebens, einen heimlichen Instinkt der Vernichtung« vermutete und daher spöttisch meinte, das sei der Anfang vom Ende. Im Gegenteil: Es ist die Voraussetzung für etwas total Neues! Es hat doch der Einzelne in diesem Evolutionsschritt, der ihn vom Niveau des Heringsschwarmes auf das der gegliederten Gemeinschaft führte, überhaupt erst die Chance erhalten, ein Einzelner zu sein, und darin liegt eine gewaltige evolutive Potenz verborgen, wie sich zeigen wird.

Die Gruppe ist ja keine beliebige Portion, herausgeschnitten aus dem Schwarm der Artgenossen – sie ist keine Ansammlung von Gleichartigen, die naturgemäß auch gleichartig handeln, sondern sie ist eine Gesellschaft Verschiedenartiger, eben zumindest keimhaft Einzelner, in denen die Möglichkeit zu unterschiedlichem Handeln bereitliegt, die aber dennoch und unter asketischer Anstrengung gleich handeln, nämlich sich den gleichen Normen unterwerfen. Die Vorstellung von der absoluten Gleichheit der Menschen, die sich unter Verabsolutierung der Forderungen der Französischen Revolution heute in unserer Gesellschaft zu einer sozialpathologischen Ideologie versteift hat, ist daher nicht nur politisch unrealistisch, sondern sie ist auch eminent unbiologisch und steht der Evolution des Menschen zur Mündigkeit des Einzelnen direkt im Wege. Einer Norm total angeglichen zu werden oder gar einem Mitmenschen total zu gleichen erfüllt uns schon als bloße Vorstellung mit Widerstand: Der Doppelgänger ist ein mit Angst und Abwehr belegter grauenvoller Alptraum. Nur extremer, ja tyrannischer Druck kann solche Gleichheit wenigstens im Äußeren herstellen: Man denke an die Qual der Uniformierung, der Einheitsnahrung, der Einheitsmöbel. In solchen Situationen zeigt sich der Überlebenswille des Einzelnen, sein Bedürfnis, als Einzelner erkennbar zu bleiben, oft mit elementar biologischer Gewalt: Eine kleine Veränderung an der Uniform, an der Frisur, am Einheitshäuschen wird dann zur Voraussetzung für die Bewahrung der eigenen Würde – die Resignation in das totale »08/15«-Schicksal hingegen zum Verzicht auf das Menschsein überhaupt.

Hier wird deutlich, wie die Gruppe für den Einzelnen zur bergenden und schützenden, aber doch nicht fesselnden und erstickenden Hülle werden kann: Er muß in ihr erkennbar bleiben, sie muß in aller Norm und zwischen allen verbindlichen Tabus doch »tausend Blumen blühen lassen« (wie es die chinesische Kulturrevolution angeblich wenigstens vorübergehend versuchte). Man betrachte einmal die Schmuckfedern oder Ziernarben bei einer Gruppe von Urwaldindianern darauf hin: Die Vielfalt der individuellen Ausgestaltung innerhalb des Gemeinsamen der Gruppenmode ist deutlich. Vielfalt in der Einheit, ein »Rad im Getriebe« sein – freilich je ein ganz bestimmtes und daher (!) sinnvolles – das ist der Funken der Freiheit, der hier in der Gruppe – im eingeengten Naturgesetz – als Gewinn aufleuchtet: Jede bunte Blume, die sich einer ins Haar steckt, jedes Schmuckstück überhaupt, hat diese Funktion, und nun wird verständlich, warum alle Naturvölker eine Vielzahl von Schmuck kennen. Schmuckbedürfnis ist Auszeichnungsbedürfnis, ist Selbstauszeichnung innerhalb der Gruppe und bestätigt so den Einzelnen als solchen und zugleich die Gruppe – sie stellt gewissermaßen die Melodie dar, von der jeder Einzelne eine Variation bildet.

Kehren wir aus der Betrachtung der Gegenwart wieder ganz in den kulturhistorischen Vergleich der völkerkundlichen

Frühformen zurück – also zu den archaischen Kulturen –, so können wir erkennen, daß die kultische Gruppe mit ihrem bergenden Netz von einschränkenden Normen gewissermaßen das Pflanzbeet ist, in dem der Keim der Persönlichkeit jedes Mitgliedes sich zu einem erst noch zaghaften Wachstum entfalten kann. Im starken Wir der Gruppe wird da das schwache Ich des Einzelnen zwar noch nicht bewußt, aber doch traumhaft als Möglichkeit deutlich. Man muß nicht, aber man kann sich nun sogar »einen Namen machen«. Man hat die Chance, »jemand zu sein«, nicht mehr einfach »irgendwer«. Bei vielen Indianerkulturen, auch bei den Buschmännern, ist der Erwerb eines solchen, den Einzelnen auszeichnenden und aus der Masse hervorhebenden Namens die erste heißersehnte Großtat des jungen Kriegers. Wenn er sein Abenteuer im Urwald, in der Steppe oder im Kampf mit den Nachbarstämmen gefunden und bestanden hat – nur dann wird er später der »große Büffel«, der »schnelle Adler« oder der »starke Held« heißen.

Aber nicht nur am Rande der festgefügten Gruppe liegen die Öffnungen bereit, durch die sich das Individuum in die Weite der Freiheit einen wenigstens schmalen Ausstieg sucht. Auch in ihrer eigentlichen Mitte hat sie Platz für den Einzelnen, ja hier erfordert sie seine Bewußtwerdung geradezu. Einer ist es, in dem die ganze Gruppe aus dem noch so fernen Traum von der Freiheit aller doch schon zum Ich erwacht, in dem sich so das Wir zu einem vorpersonalen Gruppen-Ich verdichtet. Der Häuptling, der Medizinmann, der Schamane – sie meint Erich Neumann, wenn er diese Evolutionsstufe des Ich-Bewußtseins schildert: »Die unbewußte psychische Ganzheit des Kollektivs wird . . . archetypisch am Großen Einzelnen erfahren, der zugleich Gruppen-Selbst und unbewußtes Selbst der Einzelnen ist. Was in jedem Gruppenteil als unbewußte schöpferische Ganzheit der Psyche, d. h. als Selbst vorhanden ist, wird am Großen Einzelnen sichtbar, oder es wird, auf höherem Stadium, wirklich von ihm gelebt.«

Dies also ist der Zustand der in sich harmonischen Gruppe: der Einzelne in ihr nur als Kristallisationspunkt im Kern und als Andeutung am Rande spürbar. Aber auch für dieses Stadium gilt, was wir schon am Beginn dieses Buches als das Charakteristikum der aufwärtsgerichteten Evolution bezeichnet hatten: Der Friede des Ruhens in der Ordnung, das Gleichgewicht der gruppenbindenden und gruppensprengenden Kräfte ist gefährdet und kann sich in einem Quantensprung der hüllensprengenden Wandlung zu einer höheren Stufe von Wirklichkeit entfalten. Aus der Gruppe können die Einzelnen hervortreten, sie können die Normen hinter sich lassen und zu sich selbst aufbrechen. Sie müssen nicht – noch heute gibt es voll intakte menschliche Gruppenkulturen in abgelegenen Teilen der Welt –, aber sie können! Und wieder gilt, wie wir es schon mehrfach betonten: Niemand hätte es der intakten Gruppe der unbewußt Ungleichen mit gleichartigem Verhalten ansehen oder vorausberechnen können, was sich an völlig Neuem bei diesem Taktschlag im Rhythmus der Evolution entwickeln würde. Es war in der Gruppe noch nicht greifbar, eben nur keimhaft angelegt, was sich dann im Akt der Menschwerdung des Einzelnen vollziehen konnte. Jeder Einzelne in der vollen Potenz des Schamanen, des Medizinmannes, des Häuptlings – geht das dann überhaupt? Nur eines läßt sich sofort einsehen: Die Gruppe selbst muß zerbrechen in einem solchen Prozeß, in dem der Mensch – um es mit Heidegger zu sagen – »sich entschließt, nicht nach fremdem Gesetz, sondern aus sich selbst heraus, aus eigenem Grund zu existieren«.

Von der Gruppe und dem Gesetz ihrer bergenden Normen zur Freiheit des Einzelnen – das ist der *zweite Schritt in der Biologie der menschlichen Kultur.* Die für uns überschaubare Geschichte der Menschheit, vor allem der Hochzivilisationen, zeigt uns die Stadien dieses Weges, auf dem auch jeder von uns seine Selbstwerdung erlebt. Aufbruch aus der Sozialhülle der Gruppennormen, Aufbruch zu »neuen Ufern«, ist nun der aktive Vollzug dessen, was vorher nur passiv, als harte Strafe der Verstoßung durch die Gruppe, erlitten wurde. Das Unnatürliche, das Ungewöhnliche, das nur noch sich selbst Verantwortliche – und damit sowohl der Art wie der Gruppe Entgegengesetzte – wird nun zum eigentlichen Stimulus der Kultur: »Das Unbegreifliche, hier wird's getan!«

Betrachten wir dieses »Unbegreifliche« aber im Detail, dann sehen wir, daß auch diese Hüllensprengung nicht einfach Freiheit schenkt, sondern erneut den asketischen Zwang der Zurücknahme erfordert, nun allerdings einer Zurücknahme unter verantworteter Eigengesetzlichkeit, eben auf dem Wege von der Gruppennorm zur Eigennorm. Denn der Einzelne, der nur ausbricht, um seine Freiheit anarchistisch als ein »nun gerade und dennoch« zu feiern, der also in Anspruch nimmt, nun endlich auch alles zu dürfen, was er kann – der bedroht in seiner Zügellosigkeit alle anderen und zuletzt auch sich selbst. Er kehrt, weil er alles tut, was das Artgesetz ihm ermöglicht, letztlich wieder in die Naturstufe zurück, nicht als Tier, sondern »um tierischer als jedes Tier zu sein«. Denn ihn legitimiert nun nicht mehr die paradiesische Unschuld des Mitläufers der Artgesetze – ihn macht das Wissen um Gut und Böse schuldig. Rückfall in eine frühere Stufe der Evolution – auch dies gibt es im Bereich des Geistigen – ist stets das Risiko der Freiheit, die ja nur dann wirkliche Freiheit ist, wenn sie beide Wege ermöglicht, den nach oben und den nach unten. Unten – das ist der Einzelne, der weniger ist als die Gruppe, aus der er aufbrach, der ihre Normen verläßt und zum allgemeinen Naturrecht zurückkehrt, über das ihn die Gruppe erhoben hatte. Der Amokläufer, der Mensch in Panik und der Terrorist sind Beispiele für diese Entwicklung. Oben – das ist der Einzelne, der mehr ist als seine Gruppe, weil er noch über die Gruppennorm eine neue strenge Struktur setzt: die eigene Norm, die sittliche Begrenzung des Individuums unter voller Respektierung der anderen, wie sie zur persönlichen Menschwerdung gehört.

In allen vier Antriebsbereichen, in denen wir die Entwicklung der Gruppennorm im vorigen Kapitel betrachtet haben, läßt sich dieser Aufbruch des Einzelnen in der heutigen Kulturform zeigen. Wir wollen dieses Geschehen und die unterschiedlichen Stadien der Entwicklung von Einzelnormen innerhalb und oberhalb der Gruppennorm daher in der Abfolge der vier biologischen »Windrichtungen« unserer Verhaltensweisen aufspüren.

1. Der Nahrungstrieb regelt das Nahrungs- und Besitzverhalten. Wir hatten gesehen, daß Speiseverbote und Besitzeinschränkungen die Angehörigen aller Frühkulturen einengen und asketisch verpflichten. Doch lockert sich diese Strenge

in fast allen weiterentwickelten Kulturen deutlich. Das Christentum zeigt hier zum Beispiel im Vergleich zum Judentum fortschrittliche Züge im Sinne einer Enttabuisierung. Keines der mosaischen Speiseverbote hat seine Gültigkeit bewahrt, ja ihre strenge Befolgung bei den Juden erscheint uns heute ebenso archaisch wie die Fastenzeit der Moslems, wie die heiligen Kühe der Inder oder das verbotene Pferdefleisch der Deutschen im Mittelalter. Kein Mitglied unserer westlichen Zivilisation ist durch eine gesetzliche Gruppennorm in seinem Speiseplan eingeengt, auch letzte Reste noch bestehender Konventionen, wie die christlichen Fastenregeln, sind in ihrer Verbindlichkeit deutlich gemildert. Sehen wir einmal von Armut und Mangel ab (sie sind kein Kennzeichen, sondern ein beschämendes Versäumnis unserer heute erreichten Kulturstufe), so hindert uns heute also niemand, in dem ungeheuerlich angewachsenen, ja raffiniert übersteigerten Angebot von Nahrung, Delikatessen und Genußmitteln unsere Wahl zu treffen – es gibt keine unreinen Speisen mehr für uns, und höchstens das Allzuviel des einen erregt noch das Ärgernis des anderen.

Auch im Besitzverhalten gilt dieses neue Gesetz: keine Besitz-Tabus, keine Kastengesetze oder Zunftordnungen (man nennt's heute politisch lieber Privilegien) schränken die Möglichkeit des Einzelnen ein, zu sammeln, zu horten, zu haben: Land und Wasser, Wald, Gold und Edelsteine, Energie, Wissen, Kunst, Gebrauchsgegenstände, Geld oder Aktien – wir nennen eine Gesellschaft um so freier, je selbstverständlicher ihre Mitglieder alles dies besitzen dürfen, und legen lediglich Wert darauf, daß die Besitznahme selbst nicht gegen unsere Normen verstößt. Stehlen oder Veruntreuen, das darf man freilich nicht, aber das gilt auch für Nahrungsmittel und Delikatessen schon, denn die Eigennorm ist nur solange sittlich, wie sie die Freiheit der anderen nicht einschränkt, sondern sie auch ihnen gewährt und damit für alle ermöglicht. Aber trotz dieser Begrenzung gilt: Die beim Verlassen der Gruppennorm für den Einzelnen errungene Freiheit im Nahrungs- und Besitzverhalten ist riesig groß.

Sie ist – und das ist erstaunlich – im Grunde sogar viel zu groß, als daß nur einer sie voll ausnutzen würde. Im Gegenteil:

Keiner von uns, die wir doch durch keinen Komment mehr beengt sind, ißt alles, was ihm erreichbar wäre, was er essen könnte und dürfte und worauf er auch Appetit hätte. Als strenger Gesetzgeber tritt vielmehr jeder von uns selbst gegen seine oralen Antriebe auf, wacht streng über selbstgefertigte Rituale und Rezepturen seines Speisezettels, verschmäht »prinzipiell« dieses oder jenes Genußmittel. Sehr viele Menschen sind heute auf die Reduzierung der aufgenommenen Kalorienmenge geradezu fixiert, trimmen sich sogenannte überflüssige Pfunde ab, verweigern sich hart – und mit einer Strenge, die sie von keinem anderen, von keiner Gruppe und keiner Gesellschaft ertragen würden – vieles, ja das beste von dem, was sie könnten und dürften!

Im Bereich des Besitzverhaltens ist es nicht anders: ein ungemein vielfältiges Angebot von verlockenden Dingen umgibt uns, ja drängt sich uns in ständiger Werbung geradezu auf, und doch lernt es fast jedes geistig gesunde Kind schon bald, mit seinem Taschengeld umzugehen und *nicht* alles zu erwerben und zu besitzen, was es sich kaufen könnte. Auswählen ist hier eine Tugend angewandter Freiheit, die im Erwerbsentschluß zum einen stets die asketische, von niemand anderem als von uns selbst geforderte Enthaltung von anderem voraussetzt. Geradezu lächerlich erscheint uns der ungehemmt Kaufwütige oder suchtartige Sammler – verwandt dem hemmungslosen Vielfraß und Trinker, obwohl doch beide nichts anderes tun, als ihre legitimen, von der Gruppennorm unbeschnittenen Rechte der persönlichen Freiheit wahrzunehmen. Ein guter evolutiver Instinkt sagt uns aber, daß diese Freiheit eben keine ist, sondern an neue Zwänge verspielt wurde.

Freilich ist die Strenge der Askese bei uns recht unterschiedlich und hängt nicht nur von der Selbstdisziplin ab, sondern auch vom Grad, in dem wir uns von den Resten des Gruppenzwanges wirklich freigemacht haben: wer ißt oder kauft, was gerade schick, modern, »in« ist, hat sich noch gar nicht wirklich zu sich selbst befreit. Außerdem wissen wir heute, daß erworbene Verhaltensschäden gerade im Bereich der Oralität die Freiheit des Einzelnen ganz erheblich einschränken und durch starre pathologische Zwänge überlagern können. Davon wird noch ausführlich in einem späteren Abschnitt die Rede sein.

Aber wenn wir so auch alle nur mehr oder weniger schwankend zwischen Fettsucht und Magersucht, zwischen Gier und Anspruchslosigkeit unseren Weg persönlicher oral-kaptativer Verhaltensnormen ziehen – es steht doch fest, daß die bergende Hülle der Gruppennorm (die alle diese Entscheidungen für uns traf) verlassen ist und daß wir in diesem Antriebsbereich zwar durchaus alles dürfen, was wir können, aber uns selbst doch längst nicht alles erlauben, was wir dürften. Mit anderen Worten: Unsere persönliche Freiheit besteht darin, nicht alle Rechte zu beanspruchen, die wir uns ungestraft nehmen könnten.

2. Im Bereich des Bindungstriebes sieht es recht ähnlich aus. Auch hier sind in allen modernen Kulturen die alten Gruppennormen heute weitgehend außer Kraft gesetzt. Geradezu barbarisch erscheint es uns, wenn heute noch gesellschaftliche Barrieren den Kontakt der Menschen untereinander reglementieren wollten im Sinne von Tabus und Unberührbarkeit. Jeder darf mit jedem sprechen, ja ein großer Teil unserer modernen Zivilisation – Eisenbahn und Auto, Telefon und Fernsehen – bringt die Einzelnen einander um den ganzen Erdball herum nahe. Kaum ein Privatbereich, kaum eine Intimzone, sind vor Einblick und Zutritt geschützt, und auch das Betreten der »heiligen Haine« unserer Epoche, der öffentlichen Rasenflächen, wagt kaum noch eine autoritäre Instanz zu untersagen.

Aber auch im intentionalen Bereich des Verhaltens erweist sich, daß die asketische Grundsituation fortbesteht und lediglich die Normenbildung von der Gruppe auf den Einzelnen übergegangen ist – der theoretische Freiheitsgrad des »Jeder kann mit jedem Kontakt aufnehmen« ist durch persönliche Gesetze zu neuer Einschränkung geworden. Es geht uns da nicht anders als mit dem Speisezettel: Wir selbst erlauben uns keineswegs jeden uns möglichen Kontakt, sondern sind unsere eigenen strengen Tyrannen. Weder Gesetze noch verbindliche Konventionen hindern uns, einen Mitmenschen anzusprechen, ihm in die Augen zu sehen oder ihn gar anzulächeln, und doch bedarf es für den seelisch gesunden Einzelnen erheblicher Anlässe, um es zu tun. Normalerweise »igelt« sich der Einzelne inmitten seiner Mitmenschen intentional ein, bleibt stumm – leidet oft sogar unter der Strenge seiner nur von ihm selbst geforderten Isolation und mildert die Tabuvorschrift seines Kontaktverhaltens doch nur unter Anstrengung oder im enthemmenden Rausch.

Damit ist ein entscheidendes Stichwort gefallen, die Hemmung: Sie ist es doch eigentlich, also eine angstvolle Not, die uns so oft am freien Kontakt hindert – innerer Zwang also und nicht etwa eine freiwillig selbst auferlegte Askese! Gewiß – es wäre das Märchen vom Fuchs und den sauren Trauben, wenn wir unsere Schüchternheiten und unbewußten Ängste als neue Freiheiten ausgeben wollten. Es wäre Falschmünzerei, wenn wir aus der Unfähigkeit, »Ja« zu sagen, die Tugend des freiwilligen »Nein« machen wollten. Aber wir dürfen nicht die Ursache mit der Wirkung verwechseln: Angst und Hemmung sind ja nicht Mangel an möglicher Freiheit, sondern die Freiheit selbst macht uns Angst, sie ist immer – und in allen Antriebsbereichen – nur zu erringen, wenn Angst überwunden wird. Wir werden von diesen inneren Schwierigkeiten und von der schamvollen Not des Unvermögens, Freiheit von der Gruppe und Freiheit für sich selbst wirklich zu wagen, später noch zu sprechen haben.

Hier soll zunächst nur festgehalten werden, daß es uns ähnlich wie beim Nahrungsverhalten auch mit dem Bindungstrieb geht: Seine gierige Befriedigung – etwa in taktloser Zudringlichkeit – erscheint uns beim zivilisierten Menschen peinlich, weit entfernt von dem naiven Neugierverhalten und »Anbiedern« eines kontaktfreudigen Tieres. Nur wenn die mächtigen Auslöser des »Kindchenschemas« uns überrumpeln – angesichts eines niedlichen, herzigen Tierjungen oder Kleinkindes –, erlauben wir uns und anderen eine Ausnahme von der strengen Bindungsaskese: Da streicheln, lächeln, sprechen wir. Und in die bergende, ja manchmal beglückende Solidarität der Gruppe und ihrer totalen emotionalen Bindung fallen wir zurück, wenn große Ereignisse uns für Momente aus der Isolation zurückholen in die Gemeinschaft: das jubelnde Hurra der Zuschauer beim Fußballtor, ja das gegenseitige Umarmen Fremder beim Ländersieg, schafft vorübergehend für das Individuum wieder den Zustand der »Unschuld«, das heißt der Ungesondertheit von den anderen.

Doch nicht dies ist der Alltag des Einzelnen, sondern zwischen Schüchternheit und Aufdringlichkeit, zwischen Isolation und Solidarität, sucht er seinen persönlichen Stil intentionaler Verhaltensnormen oberhalb und außerhalb der alle Konventionen regelnden Gruppennorm. Er dürfte da viel mehr an Bindung und Kontakt leisten, als er selbst sich erlaubt! Seine Freiheit wird aber auch hier an seiner Fähigkeit erkennbar, nicht alle Möglichkeiten zu nützen, die sich ihm bieten.

3. Im Bereich des Selbstbehauptungstriebes liegt die Situation anders. Da hier das eigene Verhalten unmittelbar schädliche Folgen für den anderen und damit für die ganze Kulturgemeinschaft nach sich ziehen kann, sind auch in der modernen Gesellschaft die kollektiven Zwänge noch gültig und wirksam. Ja, unsere westliche Gesellschaft, die sich doch in einem Idealbild als eine Gemeinschaft mündiger Einzelner versteht, reagiert allergisch und in spröder Zimperlichkeit gegen jeden Versuch des Einzelnen, im Verhaltensbereich der Selbstbehauptung allzu deutliche Eigennormen zu setzen. Denn während Eigenständigkeit im Nahrungsbereich und im Bindungsbereich als Personalität ohne weiteres geduldet (ja als Geschmack bzw. Charakterfestigkeit positiv gewertet wird), gilt »autoritäres« Verhalten als negative Eigenschaft und bedarf stets besonderer Legitimation.

Es leuchtet ohne weiteres ein, daß im Bereich der Selbstbehauptung (also der Aggression im weitesten Sinne) eine Freistellung des Einzelnen von den Gesetzen der Gemeinschaft gar nicht möglich ist. Keinesfalls darf in diesem Bereich jeder einfach tun, was er möchte. Es gibt auch keine ernsthafte Ideologie (wenn man einmal vom russischen Anarchisten Bakunin absieht), die sich für die Befreiung des Einzelnen aus den asketischen Zwängen des aggressiven Wohlverhaltens einsetzen würde. Im Gegenteil: Man versucht entgegen allen Erfahrungen der Biologie, im Behaviorismus wie im Neomarxismus, der Aggression den neutralen Naturwert eines angeborenen

Antriebes zu bestreiten, um auf diese Weise mit dem Problem des Normenkonflikts fertig zu werden.

Aber auch hier gilt – wenngleich in etwas eingeengtem Umfang –, daß der Einzelne im Zuge seiner Selbstfindung die Grenzen modifiziert, die ihm die Gruppennorm noch zubilligt, allerdings meist in der Weise, daß er sie persönlich noch enger zieht. Nur Raufbolde und rücksichtslose Aggressoren interessieren sich für die entsprechenden Freiheiten, die das Strafgesetzbuch – als Verhaltensnorm unserer Gesellschaft – ihnen zubilligt, oder überschreiten sie gar. Für den normalen Einzelnen dagegen ist es in unserer Kulturgemeinschaft ganz unerheblich, wann und in welchem Umfang das Gesetz ihm Aggressionen gestattet: etwa in Notwehr, in eigener Lebensgefahr, im Kriegsfall. Nur zu gerne wird er im Sinne seiner eigenen Normen – auch wenn er im Recht ist – auf Ausübung solcher erlaubten Aggressionen verzichten.

Dabei müssen wir allerdings auch in diesem Antriebsbereich unterscheiden zwischen echter, aus Ablösung von naturgesetzlichen Antrieben gewonnener friedfertiger Verzichtshaltung und dem neurotischen Zwang des Gar-nicht-handeln-Könnens, der Aggressionshemmung. Nägelkauende Kinder und an Magengeschwüren leidende Erwachsene zeigen uns, daß die Unterdrückung des Aggressionstriebes, die Behinderung der Selbstentfaltung von außen und die innen aufgestaute ohnmächtige Wut eine nur scheinbare Friedfertigkeit hervorbringen, die nichts mit Freiheit zu tun hat, sondern tiefe Gefangenschaft in Gesetzen der Hemmung bedeutet.

Wiederum gilt für diesen Verhaltensbereich: Zwischen Selbsterhöhung und Unterwürfigkeit, zwischen autoritärem und antiautoritärem Verhalten sucht der Einzelne – nicht mehr auf die Gruppennorm allein gestützt, sondern zu eigener Lebensgestaltung aufgebrochen – seinen persönlichen Weg zur Entfaltung seines Ichs oberhalb oder innerhalb der Gruppe. Er dürfte hier manchmal weniger, meist aber mehr, als er selbst sich erlaubt; er nimmt aber seine Freiheit darin wahr, auf Selbstbehauptung zu Lasten anderer zu verzichten.

4. Im Bereich des Geschlechtstriebes – den wir weitergefaßt besser den Geschlechtsrollen-Trieb nennen sollten –

finden wir heute in unserer modernen Kultur eine komplexe Situation zwischen Gruppengesetz und Einzelnorm vor, die in den einzelnen Gesellschaftssystemen extrem unterschiedlich ist. In den meisten Kulturen herrschen hier nach wie vor strenge kollektive Normen – die strengsten aller Tabus befanden sich ja gerade in diesem Bereich der Gruppennorm; sie lassen sich offensichtlich am schwersten und nur unter großer Anstrengung lockern.

Gerade unsere moderne westliche Industriegesellschaft treibt jedoch im Augenblick in einen Zustand weitgehender Auflösung dieser Normen; mit großem ideologischen Elan wird aufgerufen zur Befreiung des Einzelnen aus Tabus und Traditionen, die im Bereich der Sexualität geradezu als Inbegriff der unangemessenen und bösen Unterdrückung gelten. Dennoch sind hier – besonders für den außerehelichen Bereich – letzte Normen und äußerste Grenzlinien, wie der Schutz Minderjähriger, das Inzesttabu und die Ablehnung von Perversionen, noch fast überall gültig und offensichtlich für den Bestand der Gesellschaft notwendig.

Im weiteren Sinne des Geschlechtsrollen-Verhaltens erleben wir dagegen gegenwärtig den fast totalen Zusammenbruch der bisher gültigen Gruppennormen: weder männliche Privilegien (wie sie fast alle neuzeitlichen Kulturen kennzeichneten) noch sonst übliche frauliche Verhaltensnormen gelten als verbindlich, vielmehr wird alles geschlechtsspezifische Verhalten als »Rollenklischee« derartig gründlich diffamiert, daß die so gewonnene Freiheit sichtbar in neue Zwänge umschlägt. Frauen *müssen* emanzipiert, und das heißt hier: männerähnlich sein in Aussehen und Verhalten; Männer dagegen haben auch bisher als typisch weiblich geltende Tätigkeiten (zum Beispiel der Kinderpflege) zu übernehmen, wollen sie nicht als »male chauvinist«, als Patriarchen gelten.

Wenn wir auch hier davon absehen, daß gerade im sexuellen Bereich innere Hemmungen den Einzelnen, selbst bei völliger äußerer Freiheit, ganz erheblich in seinem Verhaltensfreiraum einschränken, so gilt doch, und mit besonderer Dringlichkeit, für die Geschlechterbeziehung in der modernen Gesellschaft: Obwohl der Einzelne vielleicht niemals in der Geschichte so wenig in diesem Antriebsbereich durch äußeres Reglement eingeschränkt wurde wie heute, erlaubt er sich durchaus nicht alles, was er dürfte. Zwischen sexueller Freizügigkeit und asketischer Entsagung, »zwischen Sinnenlust und Seelenfrieden« (wie Schiller dichtete), zieht der Einzelne auch in diesem Antriebsbereich gefährdet und nicht mehr geschützt durch die Gruppe seine Bahn auf dem Weg zu sich und seiner Bestimmung als Person, die ihre eigenen Grenzen verantwortet.

Der Gang durch alle vier Antriebsbereiche hat uns also gezeigt: Aus dem Schutz der Gruppennorm mit ihrem »Du darfst nicht alles, was Du kannst« tritt in einem zweiten Evolutionsschritt der Einzelne heraus in ein Feld der Freiheit, in dem er sich verlöre, wenn er sich nicht alsbald selbst wieder einfinge durch nochmalige – diesmal aber von ihm selbst herrührende – Kulturstiftung des asketischen »Ich will nicht!«. In diesem Akt, der gewissermaßen als geistiger Quantensprung den Einzelnen auf die höhere Umlaufbahn der Selbstbegrenzung und damit Selbstfindung setzt, entsteht nun als unvorhersehbar Neues, als kostbarer und gefährdeter Gewinn des Aufbruchs aus dem Wir, das I c h. Der Philosoph Wittgenstein, tief in die Problematik des Subjektiven verstrickt, hat es einmal geradezu seufzend so bezeichnet: »Das Ich, das Ich ist das tief Geheimnisvolle!« Wir werden uns auf den folgenden Seiten immer wieder von anderem Ansatz her mit diesem »tief Geheimnisvollen« befassen: mit dem überraschenden Kern der Kultur oder – wenn man so lieber will – der überraschenden Spitze der Evolution der Natur.

Hier sei zunächst nur festgestellt, daß dieses Ich, und damit die neue Evolutionsstufe des personalen Einzelnen als Kulturmonade und als Atom der Noosphäre, sich nur aus der Geborgenheit der Gruppe heraus gebären konnte, weil einzelne Mitglieder des Verbandes die biologischen Instinkte des Mitläufers überwanden, weil sie stark genug wurden, gegen den Strom ihrer eigenen Anlagen und gegen den Sog der Gruppe zu schwimmen. Daß solche Anlagen zur Selbstwerdung für jedes Mitglied in der Gruppe vorlagen, hatten wir schon am Schmuckbedürfnis des Einzelnen erkannt. Aber dieser personale Keim mußte auswachsen und sich dabei schließlich gegen die Gruppe und gegen alle eigenen Mitläufertalente durchsetzen. Wie das geschehen konnte, wie aus dem guten ein schlechter Mitläufer und aus dem Befehlsempfänger ein Befehlverweigerer wurde, bleibt das Rätsel unseres Seins. Es ist die Frage, wie der Geist in die Materie kam und wie er wieder aus ihr herausfand. Nur die Religion gibt hier noch Antwort, und wem solche Antwort zu ungewiß ist, der muß sich mit der Resignation des »Ignorabismus« begnügen oder mit der Illusion, es gäbe den Geist gar nicht, der da nach sich selber fragt.

Lassen wir es zunächst dabei: Es gibt uns als einzelne Ichs, das kann schlechterdings nicht bestritten werden. Es gibt uns, die in der Natur und ihren Gesetzen wurzeln und doch über ihnen stehen – die auch in der Gruppe und ihren Normen wurzeln und doch als Einzelne zugleich über ihr stehen. Aber daß eine solche Entwicklung im Verlauf der Evolution möglich, ja vielleicht ihr eigentliches und letztes Ziel war, kann nur den mit unangemessenem Hochmut erfüllen, der vergißt, daß sein Geist und sein Ich bei aller Anstrengung, die sie ihn kosten mögen, doch nicht seine Leistungen sind, sondern unbegreifliche Geschenke.

Jede Lebenserfahrung weiß übrigens, auf wie schwachen Füßen auch bei uns mündigen Mitgliedern einer späten Hochkultur dieses Ich noch steht, das sich da, aus alten Geborgenheiten der Gruppe entlassen, selbst nur allzuoft frierend als in die eigene Existenz »geworfen« empfindet. Das Zusammenwachsen dieser vielen Ichs zu einer neuen, letzten Hülle mitmenschlicher Brüderlichkeit, die zugleich auch alle Schwächeren umfängt und mitträgt, ist zwar als hohes humanes Ziel aller Philosophie und Religion erkannt, bleibt aber in der Wirklichkeit unseres Alltags in fast unerreichbarer Ferne. Zu sehr zieht es uns doch zurück in bequeme Geborgenheiten früherer Kulturstufen: in ideologisch verhärtete Gruppenegoismen, in die allzeit lockende Unverbindlichkeit der verweigerten Einzelentscheidung unter Berufung auf Tradition, in die biologischen Strukturen des angepaßten und daher risikolosen Verhaltens.

Daß jeder von uns hier vor einem klar erkennbaren kulturellen Ziel möglicher Freiheiten nur allzuoft versagt und in die Gesetze des Naturzustandes oder der abgelegten Kulturstufen zurückfällt, ist schmerzliche Erfahrung aller Nachdenklichen – nicht weit entfernt (vielmehr im Grunde überhaupt nicht unterschieden) von der religiösen Grundeinsicht, daß wir »allzumal Sünder« sind. Immer droht uns da der biologische Mechanismus des Mitläufertums, oft fehlt die Kraft zum »Männerstolz vor Königsthronen«, zu der antiken Tugend der Epikie, für die wir Deutschen noch nicht einmal ein eigenes Wort in unserer Muttersprache gefunden haben.

Aus diesen biologischen Fesseln kann uns nur die Hoffnung auf den Geist erlösen, also auf dieses so ganz andere, tief Geheimnisvolle, von dem die biologisch so unbegreifliche Kulturentwicklung ihren Ausgang nahm und das sich in ihr zugleich zunehmend deutlicher manifestierte, bis die Evolution zum einzelnen Menschen führte, der genug »Ich« geworden ist, um die Richtung zu erkennen, in der es ihn vorantreibt zu mehr Licht. Er mag diesen Geist dann nennen, wie er will – entscheidend ist nur, daß er nicht wider ihn sündigt.

4 Sprache und Mythos als Wegmarken der Kultur

Die Sprache gehört zum Menschen. Sie ist zusammen mit aufrechtem Gang und einsichtigem Handeln sein eigentliches Wesensmerkmal. Doch geht es uns mit diesem Kennzeichen wie mit vielen anderen, die uns vom Tier unterscheiden: Nicht ihr Vorhandensein an sich, sondern der hohe Grad ihrer Entwicklung ist kennzeichnend für den Menschen.

Wenn wir jede Form der Verständigung schon Sprache nennen würden, wer wollte dann leugnen, daß auch Tiere dieses Merkmal tragen? Aber Sprache – wie wir sie meinen – ist mehr als Verständigung, mehr als Information und Stimmfühlung, mehr als Anruf und Antwort! Sie ist, wie schon der erste große Sprachforscher, Wilhelm von Humboldt, erkannte, »die sich ewig wiederholende Arbeit des Geistes, den artikulierten Laut zum Ausdruck der Gedanken fähig zu machen«. Sprache hat unmittelbar mit Geist zu tun, ja der griechische »Logos«, der nach den Worten des Evangeliums am Anfang war, meint sowohl den Geist wie das Wort, auf jeden Fall also nicht Materie, nicht Natur. Wenn sie den Menschen »zum Ausdruck der Gedanken« fähig macht, muß Sprache also von Anfang an mit diesen Gedanken verbunden sein und setzt sie voraus. »Sie entspringt aus der Tiefe der Menschheit«, folgerte Humboldt und formulierte das berühmte Paradoxon: »Der Mensch wird erst Mensch durch die Sprache – aber um Sprache zu bilden, mußte er schon Mensch sein.« Dieses Rätsel löste sich nach Ansicht der Alten nur in einem spontanen Schöpfungsakt, in einem Ur-Sprung aus dem Nichts in das Alles – noch Goethe meinte, die Sprache und der aufrechte Gang seien dem Menschen eben von Anfang an »anerschaffen«.

Unsere Betrachtung der Menschwerdung und Kulturentwicklung setzt aber heute mit der Grundgewißheit der Evolution ein, dieser Aufwärtsbewegung im sich steigernden Nacheinander, von der Humboldt und Goethe nur ahnten, ohne sie als reale Wirklichkeit schon zu kennen. Wir hatten in den vorigen Kapiteln verfolgt, wie der Mensch in seiner Entwicklung in den wechselnden Stadien der Austreibung und neuen Einbergung aus dem Naturgesetz der Art über die kulturelle Norm der Gruppe zu der Stufe des einzelnen Ichs heranwuchs. Wir dürfen aus dieser Erfahrung heraus erwarten, daß auch die Entwicklung der Sprache und in ihr die der jeweiligen Ausdrucksweise sich nach den Gesetzen der Evolution vollzog, daß also die »Fähigkeit zum Ausdruck der Gedanken« im gleichen Maße wuchs und sich wandelte wie diese Gedanken selbst.

Eine Biologie der Kultur wird daher nicht nur den äußeren Verlauf der Entwicklung der Menschen zum Ich nachzuzeichnen haben, sondern sie wird auch die innere Bewußtseinsentwicklung und Gedankenarbeit des Einzelnen in diesem Prozeß verfolgen müssen. Die Geschichte der Sprache könnte dabei die angemessene Methode liefern, denn in ihr – vor allem, wenn wir alte Sprachen betrachten – liegt ja so etwas wie fossilisiertes Gedankengut aus früheren Etappen der Menschwerdung vor.

Doch gibt es hier leider größte Schwierigkeiten: Im Gegensatz zu fossilen Knochen, deren Aussage letztlich eindeutig ist, kennen wir ja nicht wirklich die alten, ausgestorbenen Sprachen, sondern nur die Spuren, die sie als Wortwurzeln moderner Sprachen oder bestenfalls in Schriftzeichen hinterlassen haben. Sie müssen also theoretisch erschlossen, entziffert und übersetzt werden, und bei diesen Prozessen ist soviel Forschergeist und auch soviel Spekulation und Interpretation am Werk, daß die Sprachforschung stets in der Gefahr schwebt, an ihren divergierenden, grundsätzlich nicht beweisbaren Interpretationen und dazu noch an der ungeheuren Fülle des Materials zu ersticken. Daher mag es kommen, daß die meisten Anthropologen und Biologen dem ganzen Gebiet der Linguistik mißtrauisch und ablehnend gegenüberstehen und sich lieber mit greifbaren, eindeutigen Materien befassen. So findet sich tatsächlich in der riesigen wissenschaftlichen Literatur über Sprache und Sprachgeschichte ebenso wie in der anthropologischen über die Kulturentwicklung kaum in Andeutungen der Versuch, das eine Gebiet konsequent durch das andere zu erhellen. Man benutzt zwar die vorhandenen Begriffe als Hinweise auf die Lebensform – frühe Jägervölker haben Worte für Waffen und Wild, Ackerbauern können Feldfrüchte bezeichnen, Fischer benutzen Ausdrücke für Netz und Reusen –, aber man hat bisher noch nicht versucht, eine Geschichte des sich wandelnden menschlichen Bewußtseins anhand der sich wandelnden Sprachen zu schreiben – die Sprachstufen also als Wegmarken der Kultur zu benutzen.

Diesen Weg aber wollen wir hier beschreiten, wobei uns die Kulturentwicklung in den geschilderten Etappen – Art, Gruppe, Einzel-Ich – vor Augen steht und wir nach den Sprachmerkmalen als gedanklichen Festschreibungen dieser Stadien suchen werden. Wir müssen zu diesem Zweck naturgemäß zunächst die Frage nach der Sprachentstehung überhaupt aufgreifen – ein anthropologisch wie philologisch höchst strittiges Problem, bei dem zahlreiche Theorien gewissermaßen zur Auswahl stehen, von der sozialen Kontakttheorie bis zu der von der Priorität des Gesanges oder der Gebärdensprache. Von ihnen allen hat die »Kindersprachtheorie« – wie G. Révész sie nannte – für den Biologen zunächst den verlockendsten Ansatz, denn sie geht davon aus, daß auch beim Spracherwerb die Ontogenie die verkürzte Phylogenie sei, also die Entwicklung des Einzelnen eine Wiederholung der Stammesgeschichte. Doch leider ist auf dieses Haeckelsche biogenetische Grundgesetz kein Verlaß: Es stimmt in den seltensten Fällen. Und wie sollte es hier stimmen? Wie sollte das kindliche Lallen – Otto Koehler nannte es gar das »vorbabylonische Säuglingslallen« – und der anschließende, schrittweise Spracherwerb des Kindes ein Bild der Sprachentstehung sein? Das Kind übernimmt ja Sprache, bildet sie nicht. Der Mensch aber muß in seiner Entwicklung die Sprache gebildet haben, ehe etwas zu übernehmen war!

Auch ein anderer gut-darwinistischer Ansatz führt leider nicht weit: Stammen die Sprachen voneinander ab, so müßte eine vergleichende Anatomie der Worte ihre Wurzeln und damit den Weg ihrer Entstehung freilegen können. Man kann auf diese Weise in der Tat die indogermanischen Stammworte theoretisch erschließen, aber damit gelangt man allenfalls in die tiefen Schichten dieser einen Sprachfamilie und nicht an die eigentlichen Wurzeln des menschlichen Sprechens und Denkens überhaupt. Man kann da etwa das Wort *eghom* erschließen, aus dem alle späteren indogermanischen Worte für »ich« abzuleiten sind, vom lateinischen *ego* über das englische *I* bis zum russischen *ja.* Aber sagte der alte Indoeuropäer vor fünftausend Jahren überhaupt schon Ich – konnte er diesen Begriff schon denken und lag mitten in der Gruppe überhaupt schon ein Bedürfnis zur Bezeichnung von etwas vor, das wir heute in allen modernen Sprachen das Ich nennen? Dieser Weg, der die theoretischen Urworte aus ihren heutigen Nachkommen erschließen will, bleibt fragwürdig, zumal wenn dabei – ähnlich dem darwinistischen Modell der Entstehung der Lebewesen – die Zufallsmutationen der Lautverschiebung zusammen mit der Selektion des Zweckmäßigen (= sprachlich Passenden) die Erklärung dieser Entwicklung leisten sollen – ein geistiger Prozeß also in mechanische Schritte aufgelöst wird. Unser modernes, auf mechanische Erklärung bedachtes Bewußtsein spannt hier vergeblich ein schweres Fischnetz auf, um damit einen fossilen, längst nicht mehr lebenden Schmetterling zu fangen. Ernst Jünger hat die nötige Skepsis einmal so ausgedrückt: »Die Darwinisten der Sprache kommen an das Wort nicht näher heran als ihre zoologischen Kollegen an das Tier.«

Wollen wir aber versuchen, an das Geheimnis des Wortes und seine Entstehung näher heranzukommen, so muß uns vor allem ein Umstand zu denken geben: Kinder sprechen zunächst noch gar nicht, die Notwendigkeit und Möglichkeit zum »Ausdruck der Gedanken« ist also im Einzelleben des Menschen nicht von vornherein »anerschaffen«, sondern wird erst erworben. Man kann daher – das zeigt jeder Säugling – schon Mensch sein, bevor man spricht. Heute weiß die Anthropologie, daß erst der am Ende des ersten Lebensjahres eintretende Abstieg des Kehlkopfes die artikulierte und vokalisierte Sprache möglich macht. Und sie weiß seit des Amerikaners Paul Liebermanns Untersuchungen noch mehr: Der Neandertaler wies diesen Kehlkopfabstieg noch nicht auf, sondern hatte – wie alle Säugetiere auch – den hochgestellten Kehlkopf des menschlichen Säuglings, der artikuliertes Sprechen noch gar nicht ermöglicht!

Man kann also annehmen, daß es in der Frühgeschichte einen vorsprachlichen Zustand der Menschheit gegeben hat, in dem artikulierte Sprache noch nicht möglich war und noch nicht nötig! Hier also müssen unsere Überlegungen zur Biologie der Kultur einsetzen: In der archaischen Form der Existenz in der Gruppe, die noch keinen Einzelnen in unserem Sinne kannte, war sprachliche Verständigung offenbar so wenig nötig, wie sie es in Tierherden ist. Zwar stand auch solche Gruppe schon weit oberhalb des Tieres, denn es waren Menschen, und sie hatten mit ihren Gruppennormen auch ihre Kultur, aber die Verbindung untereinander war eher telephatisch oder gruppendynamisch: Man wußte, was »man« tun sollte, ohne daß einer es dem anderen zu sagen brauchte. Im kollektiven Unbewußten, das C. G. Jung in den tiefen Schichten unseres Seelenlebens aufdeckte, und im Felde der Sympathie und des tiefen Einverständnisses findet sich auch heute noch dieser gemeinsame Vorrat an Wissen und Fühlen, der keiner Worte bedarf, um sich zu verständigen. Auch Mutter und Kind verständigen sich ja in den ersten Monaten nach der Geburt noch völlig ohne Worte im sprachlosen Einvernehmen. Die Atrappenversuche von René Spitz ergeben interessanterweise, daß der Mund der Mutter in dieser frühen Epoche für das Kind noch ohne Bedeutung ist und unbeachtet bleibt. Nur Augenpartie und Nase gelten hier als wahrgenommenes Gegenüber. Erst wenn im Verlauf des ersten Lebensjahres der kindliche Kehlkopf in die spätere Erwachsenenlage abgestiegen ist, wird Sprechen für den Menschen im Gegensatz zum Tier physiologisch möglich, nun erst können Gedanken akustisch ausgedrückt werden!

Im gleichen Sinne – so meinte Jean Gebser – könnte auch der erwachsene Mensch in sehr frühen Kulturepochen den Mund – für uns das Organ des Sprechens und daher für die Person überaus wichtig (*personare* = hindurchtönen) – noch für unwesentlich gehalten haben. Mundlose Menschen treten in der Tat in frühen Höhlenzeichnungen überall auf der Erde auf. Sollten sie vielleicht auf eine solche vorsprachliche Zeit hinweisen? In den uralten ägyptischen Ritualen jedenfalls – das steht fest – spielt eine besondere Zeremonie eine große Rolle: Der Priester zelebriert an den Göttern und bei der Thronbesteigung des jungen Königs an ihm das weihevolle Ritual der »Mundöffnung« – dann erst beginnen sie zu sprechen. Was sich hier, in die Handlungsebene von Königen und Priestern projiziert, andeutet, ist auch sonst in ägyptischen Texten noch deutlich. Es liegt noch etwas von einem unfaßbaren Staunen über die Möglichkeit des Sprechens selbst in diesen alten Texten, die Redekunst hat höchsten Rang. »Das Schwert eines Menschen ist die Zunge, und das Reden ist kräftiger als jedes Kämpfen«, heißt es im Jahr 2200 vor Christi Geburt in der ägyptischen »Lehre für den König Merikare«.

Mitten in der Gruppe, in der sich, wie wir sahen, der Einzelne allmählich erst konkretisiert und in der Gestalt des Schamanen, des konkreten Gruppen-Ichs also, Gestalt gewinnt, könnte sich diese »Mundöffnung«, also der Beginn des Sprechens, als Möglichkeit und Notwendigkeit, ereignet haben. Worte des einen, der allein Einzelner war, hätten dann aus der Mitte heraus die anderen getroffen, wären Anruf, Anweisung, Befehl gewesen. Tatsächlich glaubt Révész – und andere Sprachforscher mit ihm –, daß die »Imperativstufe« den Anfang der Sprachentwicklung ausmacht. Es könnte sich so auch erklären, warum in so vielen Sprachen die Wortwurzel der Verben zugleich ihre Befehlsform ausmacht: Sollte diese Wurzel nicht der älteste Teil des Wortes sein? In unserer Sprache ist die Wurzel des Wortes »gehen« – das Gemeinsame, Grundlegende an den Formen »ich gehe, du gehst, er geht« – der Ausdruck »geh«. Er bedeutet, wo er allein steht, einen Befehl. Im Lateinischen ist die Wurzel von *facio, facis, facit* (ich, du, er macht) das *fac*, und auch das ist, steht es allein, ein Befehl: »mach«!

Von einem, vom Träger des kollektiven Ichs der Gruppe also, mag ursprünglich allein solche Rede ausgegangen sein, die selbstverständlich Befehl war. Nahtlos fügt sich dem als nächstes Stadium (noch vor einem allgemeinen Sprachgebrauch aller Gruppenmitglieder) an, was der indogermanische Sprachforscher Edgar Gläser so ausdrückte: Das zunächst freie »sympathische« Verbum wurde später von einer »kulturtragenden Oberschicht« in das Subjekt-Prädikat-Schema integriert.

Aber nicht nur Tätigkeiten, sondern auch Sachen werden in der Sprache gewiß von Anfang an bezeichnet. Hier wird sehr früh das Bedürfnis bestanden haben, diese Dinge kulturell zuzuordnen, also anzugeben, ob sie in die Gruppe hineingehören oder nicht. »Baum-hier« oder »Baum-dort« müssen solche Urgedanken und Urworte des kollektiven Gruppen-Ichs gewesen sein, die zunächst der eine für alle und dann jeder in der Gruppe für sich formulierte. Wir können in alten Sprachen tatsächlich dieses Urstadium noch deutlich erkennen, aus dem sich dann die Personenbezeichnungen erst später entwickelten. Denn was wir als »ich« oder »mein« bzw. als »du« oder »dein« übersetzen, hieß ursprünglich nur so etwas wie »hier« oder »dort«. Im Althebräischen heißt »mein Lied« noch *sir-i-ja* (Lied hier) und »dein Lied« *sir-i-ka* (Lied dort). Im Ungarischen heißt »ich sehe« eigentlich »Auge-mein« (*látom*) und »du siehst« »Auge-dein« (*látod*), und im Tamil (einer drawidisch-indischen Ursprache) heißt ganz im gleichen Sinn *tan* »selbst« oder »ich«, dagegen *tan-gel* soviel wie »selbst-dort« oder »du«.

Vielleicht noch Urtümlicheres erschließt uns die älteste bekannte Sprache, das Alt-Sumerische. Dort kann *mu-du* sowohl heißen »ich habe gebaut« wie »du hast, er hat gebaut« oder »wir haben gebaut«, denn es meint eigentlich nur »selbst (Name, Mann, Mensch) gebaut« und überliefert das hocharchaische Stadium, in dem die Personen überhaupt noch nicht ausdifferenziert waren. Man war gewissermaßen noch gar nicht ein Ich, man konnte so noch gar nicht denken und brauchte es daher auch nicht auszudrücken. Wichtig war nur, ob etwa diese Tätigkeit des Bauens – ausgedrückt durch das Wort *du* – in der eigenen Gruppe selbst stattfand (*mu-du*) oder dort drüben, eben außerhalb der Gruppe. In jenem Fall, in der sogenannten fremd-initiativen Funktion des Gegenüber hieß es eben *e-du*, was wir übersetzen müßten: »Ihr anderen dort drüben – oder irgendeiner von euch – hat gebaut.«

Ein späteres Stadium der Gruppe und der sich allmählich deutlicher differenzierenden Person ist uns in vielen Sprachen erhalten: Immer noch dominiert die Tätigkeit selbst in den Verben, aber es taucht nun doch – bescheiden zwar und wie verschämt, nur ganz am Wortende als eine noch zaghafte Anfügung der Hinweis auf den Täter der Tätigkeit auf: *sedeo, sedes, sedet* eigentlich also: sitzen-ich, sitzen-du, sitzen-er.

Nicht etwa nur unsere indogermanischen Sprachen verfahren so – vielmehr ist diese nachgestellte Zuweisung der Tätigkeit an den Täter, also an die Person, weit verbreitet. Und sie ist offenbar für lange Kulturepochen in den meisten Sprachen auch ausreichend gewesen.

Genau wie wir es erwarten müssen, da wir das selbstbewußte *Ich* als eine sehr späte Entwicklung der kulturellen Evolution erkannten, tritt das Wort als eigene, vorangestellte und betonende Vokabel erst spät auf. Im Lateinischen und Griechischen spürt man noch die Anstrengung, mit der dieses *ego* grammatisch fast überflüssigerweise vor das Verb tritt. *Civis romanus sum* heißt es da (ich bin römischer Bürger), und nur ganz ausnahmsweise wirft sich einer in die Brust und sagt: *Ego sum.* Im Japanischen wird dies noch deutlicher, und in diesem Sinne spricht Wilhelm Luther in seiner Sprachphilosophie von der eigenartigen Subjektlosigkeit im japanischen Welt- und Selbstverständnis. So hat das Verbum dort eigentlich überhaupt keine Personenbezeichnung. »Die Kirschbäume sehen« (*Sakura wo miru*) sagt der Japaner, wo wir übersetzen würden »ich sehe Kirschbäume« oder »du siehst« oder »er sieht Kirschbäume«. Will man aber ausdrücken, daß wirklich nur »ich« diese Kirschbäume sehe, so muß man eine komplizierte und gestelzte Wortfigur voranschicken: *Watakushi wa sakura wo miru*!

Solche Schwierigkeiten macht hier noch das »Ich« – es quält sich gewissermaßen aus der Geborgenheit der Gruppe heraus, weil – so Luther – »im Vorverständnis der japanischen Sprache das Ich als subjektives Bewußtsein nicht erschlossen ist«. Wir fügen unsere Erkenntnis hinzu: Vorverständnis der Sprache – das eben ist das Denken, das Bewußtsein selbst, das sich hier als Ich noch nicht voll erschlossen hat. Ein weiter Weg also noch bis zu der Kulturform des voll – ja übermäßig – erschlossenen Ichs, bei der das Wort *ego* (oder wie immer es heißen mag) zum Egoismus gerät, also zur krampfhaften Überbetonung des eigenen Seins gegenüber der Gruppe. In dieser Sicht dürften die englische Sprache und die hierzu gehörige Denkform das andere Extrem des Japanischen sein: bis ins Schriftbild wird da die betonte Selbstbewußtheit deutlich, denn nur dieses »I« (das das bescheidenere *myself* verdrängt) schreibt man groß!

Wir haben nur in wenigen Beispielen, gewissermaßen mit Siebenmeilenstiefeln, die Kulturentwicklung an einigen Wegmarken der Sprache nachgezeichnet – viel bleibt hier weiter noch auszuführen. Der Hinweis auf die Pluralbildung etwa, die in alten Sprachen ein »Dual« neben der echten Vielzahl kennt. Was mag da für ein personales Hand-in-Hand-Gehen zugrunde liegen, das sich in einem »wir beide«, als Zwischenform von »wir« und »ich«, ausdrückt? Ist es gar die enge Ich-du-Beziehung der Mutter-Kind-Bindung – uralter Erlebnisinhalt schon des noch keimhaft in der Gruppe geborgenen Ichs, die als Vorstufe aller personalen Vielzahl begriffen wurde? Diese und andere Fragen können hier nur angerührt werden. Eine ganze Wissenschaft innerhalb der Kulturbiologie müßte entstehen und sich ausführlich mit allen diesen Erscheinungen der Sprachevolution beschäftigen. In den folgenden Kapiteln werden wir in anderem Zusammenhang noch öfter auf die Parallelen von Wortbildung und Geschichte des Bewußtseins zurückkommen.

Wir wollen hier aber noch einen anderen, ebenfalls nur in groben Zügen angedeuteten Ansatz wagen. Menschliches Denken hat stets das Bedürfnis, eigenes Handeln auch zu erklären und in seiner Herkunft zu begreifen – solcher Versuch aber führt im Bereich der Sprache unausweichlich in den Mythos. Mythos bedeutet im Griechischen eigentlich die Rede, er ist also, wie unsere Sprache es ausdrückt, »Sage«, das heißt: er besteht aus den Bildern, die hinter dem stehen, was wir sagen. Sprache, so meinte daher Friedrich Wilhelm Schelling, »ist verblichener Mythos«. Und das bedeutet für unsere Biologie der Kultur: Im Mythos müssen die Wegmarken der Kultur, die wir eben in der Sprache erkannten, ebenfalls deutlich werden, ja vielleicht noch klarer, unverblichener als in der Sprache selbst. Im Mythos schildert der Mensch sein Wissen um die Welt in Bildern, oder um es mit den begeisterten Worten des jungen Friedrich Schlegel (in seiner »Rede über die Mythologie«) auszudrücken: »Einen großen Vorteil hat die Mythologie. Was sonst das Bewusstseyn ewig flieht, ist hier dennoch sinnlich geistig zu schauen und festgehalten.« Nehmen wir also auch den Mythos als Wegmarke in der Biologie menschlicher Kultur ernst!

Nach einer »sinnlich, geistigen«, nach einer im Mythos festgehaltenen Erinnerung an die vorsprachliche Ausgangssituation an der Basis der Kulturentwicklung hätten wir dann zu suchen, also nach einer Sage von mundlosen, noch nicht sprachfähigen Göttern oder Menschen. Es läßt sich zumindest ein solcher Hinweis tatsächlich im klassisch-antiken Kulturkreis finden, nämlich in den Sibyllinischen Orakeln. Dort werden der Turmbau von Babel und die Sprachverwirrung erwähnt und datiert, nämlich in die Zeit . . . »da war das zehnte Geschlecht der redenden Menschen, seitdem die Sintflut über die frühen Männer gekommen war« (Sib. 3 : 108). Wenn die Sibylle so ausdrücklich die »redenden« von den »frühen Männern der Sintflut« unterscheidet (und sie sollte es wissen, denn sie selbst ist mythologisch als Schwiegertochter Noahs ausgewiesen), dann heißt dies doch, daß jene frühen Männer noch nicht redeten, noch nicht des gesprochenen Wortes bedurften – noch ohne Sprache sich verständigten. Nach der Sintflut also wäre in mythischer Sicht erst diese Notwendigkeit der akustischen Verständigung entstanden? Der biblische Bericht selbst bestätigt diese Auffassung und verleiht ihr damit den Rang eines uralten mythischen Wissens, denn der erste Satz nach der Sintfluterzählung, mit dem die Turmbaugeschichte des alten Testamentes einsetzt, lautet in wörtlicher Übersetzung: Und es geschah – der Erdkreis hatte eine Lippe und einerlei Worte (Gen. 11 : 1).

Deutlicher aber als diese dunklen Andeutungen eines vorsprachlichen Ausgangszustands wird der ägyptische Mythos, denn dort, so berichtet Echnaton, hat die Gottheit selbst die Sprache geschaffen: »Amon öffnete seine Rede inmitten des Schweigens, . . . er schrie als erster, als das Land noch stumm war.« Im indischen Mythos aber ist die Sprachwerdung mit der Ichwerdung des einen, der als Kulturstifter zugleich Gott und Mensch ist, zu einem Bilde verwoben. Da heißt es in der Upanishad: »Im Anfang war diese Welt allein der Atman, in Gestalt eines Menschen. Der blickte um sich: da sah er nichts anderes als sich selbst. Da rief er zu Anfang aus: Das bin ich! Daraus entstand der Name Ich« (Brihadâranyaka Upanishad).

Ein Stadium der Sprachentwicklung, in dem das Wort »Ich« noch dem Gott allein vorbehalten ist, läßt sich aber auch in unserem Alten Testament noch aufspüren, denn das Wort *anoki* ist dort als majestätisches Ich ursprünglich dem Jahwe selbst vorbehalten. Hans Blüher hat bedeutungsvoll darauf hingewiesen, daß Adam (der Mensch also) es nur ein einziges Mal benutzt, als er nämlich – noch König des Paradieses, aber doch schon mit den im Sündenfall aufgegangenen Augen – von Gott in seinem Versteck entdeckt wird. »Weil ICH nackt bin« (weil-nackt ICH, *ki-erom anoki*; Gen. 3:11) ruft er da!

Doch auch ohne ein besonderes, für den profanen Gebrauch tabuisiertes »Ich«-Wort bleibt es im mythischen Verständnis ein bedeutender, ja unheimlicher Vorgang, wenn ein Gott oder ein Sagenkönig seinen Namen nennt: »Ich bin, der ich bin« – die geheimnisvolle Botschaft Jahwes aus dem brennenden Dornbusch, um noch einmal das Alte Testament zu zitieren. Jean Gebser wies darauf hin, daß der Held Odysseus – sagenhaftes Sinnbild der Suchwanderung der menschlichen Seele auf dem Wege zu sich selbst – erst im neunten Gesang der Odyssee, fast am Ende seiner Wanderschaft, an Kalypsos Strande erwachend, erstmals ausruft: »Ich bin Odysseus, Laertes Sohn« (9:19), genauer: »bin Odysseus«, denn das Ego-Wort »ich« benutzt er auch dort nicht!

Hier kommt ein weiterer mythischer Hinweis in unseren Blick, der sich häufig in der Überlieferung findet und an das große Numinosum des Ichs, des Selbst, des eigenen Namens rührt. Solche Eigennamen werden verliehen von Göttern oder Königen – wer einen Namen erhält, ist ausgezeichnet, zugleich aber gefährdet und verletzbar geworden, denn dieser Eigenname – eigentlich: die Heraushebung des eigenen Selbst aus der anonymen, also namenlosen Gruppe – ist von einem Zauber, einem Tabu umgeben. Er ist heilig und unberührbar zugleich – er ist geheim, und wenn er preisgegeben wird, dann verliert sein Träger die Macht der Selbstbestimmung und wird ein Gefangener dessen, der ihn nennt. Überall in der Antike gibt es solche geheimen Namen für Menschen, aber auch für Städte. In Rom wurde noch zu Caesars Zeit ein Mann hingerichtet, weil er den geheimen Namen der Stadt verraten hatte. In unserer Lohengrin-Sage ebenso wie im Märchen vom Rumpelstilzchen findet sich das Tabu des Namens, den kein Fremder wissen darf, denn er ist die verwundbare, die heilige und die unberührbare Stelle, das verletzliche Ich des Trägers, an der er getroffen und zurückgeholt wird von dem, der ihn kennt: »Ich habe Dich bei Deinem Namen gerufen – Du bist mein!«

Einen eigenen Namen haben – ein Ich sein –, das erhöht und hebt aus der Gruppe heraus. Es erfüllt den Einzelnen dieser Gruppe gegenüber zugleich aber auch mit schlechtem Gewissen und mit dem Bedürfnis, sie zu versöhnen und um ihr Verzeihen zu bitten: denn Absonderung von der Gruppe ist ihr gegenüber die Sünde schlechthin. Sonderung – hier erleben wir, wie »verblichener Mythos« zur Sprache wird! – ist eben das Aufreißen des Grabens, ist der große »Sund« zwischen dem Ich und der Gemeinschaft und ist daher »Sünde«. Wir werden in einem anderen Zusammenhang noch darauf zurückkommen.

Doch verlassen wir jetzt das Gebiet des Mythos, in dem wir so reichliche Wegmarken der Kulturevolution und der Geburt des Ichs im Schoß der Gruppe fanden, um schließlich im ganz profanen Bereich des alltäglichen Umgangs der Menschen miteinander, eben in ihrer Umgangssprache, die Spuren dieses Entwicklungsprozesses aufzudecken! Im Spannungsfeld zwischen dem Ich – das sich von den anderen absondern und abheben muß, um Ich zu sein – und diesen anderen, deren Selbstgefühl dadurch verletzt wird, bilden sich überall in der menschlichen Kultur typische R i t u a l e aus, die gewissermaßen die Versöhnungsbereitschaft des Einzelnen anzeigen und so seine Eigenmächtigkeit mildern.

Obwohl zum Beispiel die chinesische Sprache für den Begriff »ich« über ein sehr altes Wort (*wo*) verfügt, wird dies doch nur unter bestimmten Bedingungen benutzt. Ein wohlerzogenes Kind, das mit seinen Eltern spricht, wird dieses Wort niemals benutzen, sondern sich aus Höflichkeit stets so ausdrücken, wie bei uns nur ein Kleinkind, das noch nicht »ich« zu sagen gelernt hat: »Hans will spielen«, nicht etwa: »Ich will spielen!«. Überhaupt ist die Höflichkeit in der Anrede ein wesentliches Element vieler Sprachen, ja im Japanischen geht dieses Prinzip so weit, daß fast jeder Satz ganz anders lautet, wenn man ihn zu einem Höherstehenden oder zu einem Niederrangigen sagt. Aber nicht die objektiven Rangunterschiede irgendwelcher

Klassen sollen uns hier interessieren, sondern die Tatsache, daß der Sprechende in diesem Fall grundsätzlich sich selbst im sprachlichen Umgang mit anderen verkleinert – also eine »Demutsgebärde« zeigt, wie die Verhaltensforscher sagen würden. In der Anrede an ein Du signalisiert das sprechende Ich zugleich, daß es seine Eigenständigkeit gewissermaßen nur mit Vorbehalt und schlechtem Gewissen behauptet. »Befehle meiner Wenigkeit«, so sprach schon vor mehr als viertausend Jahren – in einem der ältesten ägyptischen Texte überhaupt – der Wesir Ptahotep (also immerhin der höchste Beamte) in höflicher Demutsgebärde zu seinem König. Mit »Euer Gnaden« redete man sich in vielen westlichen Sprachen noch vor kurzem an, ja die Portugiesen und Spanier tun es heute noch, denn ihr *Vôce* bzw. *Usted* (mit dem jedermann angesprochen wird) ist ein verkürztes *Vestra merced*, also »Euer Gnaden«.

Und wenn wir auch heute von solcher förmlichen Überhöhung des Gegenübers weit entfernt sind – immerhin sagen wir zu jedem Fremden »Sie«, so wie die Engländer und Franzosen »Ihr« (und nicht etwa »Du«) zu ihm sagen. Man tut also in der Umgangssprache so, als stünde einem nicht einer, sondern mindestens zwei gegenüber, man ehrt den anderen mit dem Plural majestatis. Warum? Es kann, um es nochmal zu betonen, bei einem so allgemeinen Verhaltensmerkmal nur ein gemeinsames Motiv geben, das als allgemein-menschliches Radikal in jeder Sprache neu durchschlägt: Wer sich als eigenes Ich aus der Gruppe heraushebt, spürt das dringende Bedürfnis, diese Gruppe durch ein rituelles Geschenk, durch eine Gebärde des gesteigerten Respekts zu versöhnen, und tut dies, indem er sich klein und die anderen groß macht.

Unsere deutsche Sprache sieht – deutlicher als die meisten anderen – sogar noch eine Eskalation dieser Versöhnungsgeste vor: das Du-Sagen, also ein Angebot, die Kluft zwischen dem Ich und dem Sie zu schließen und den Einzelnen, indem man ihm die Respektsformel erläßt, wieder ganz in die Gruppe und ihr gemeinsames Wir hineinzunehmen. Wir empfinden es daher konsequenterweise als Gewinn, ja als Ehre, wenn uns ein solches Angebot trifft und Gruppensolidarität mit uns herstellt. Schließlich kann dieser Prozeß psychologisch allerdings auch in sein Gegenteil umschlagen, wie wir es bei manchen Berufsklassen schon immer, heute erstmals auch bei Studenten beobachten können. Hier wird das Du erwartet und damit der Verzicht auf die Respektsformel, die dem Sprecher als verdeckter Stolz angekreidet würde. Verzicht auf Abstand, Anerkennung des »Kumpels«, gilt nun als die eigentliche Demutsgebärde, die die Gruppe vom Einzelnen erwartet. Dies ist aber eigentlich ein Rückfall in die Totalherrschaft der Gruppe – sie erlaubt dem Einzelnen nicht mehr, ein Ich zu sein, das sich von den vielen Dus auch in der Anrede deutlich absetzt, sondern erzwingt den intimen sprachlichen Kontakt. Daß darin ein Angriff auf die Freiheit des eigenständigen Ichs liegt, kann jeder, der unsere Sprache spricht, deutlich fühlen. Denn ein Kind, das zutraulich Du zu uns sagt, erfreut uns damit, weil es uns bestätigt, daß es uns nicht fürchtet. Ein fremder Erwachsener aber, der uns mit Du anredet, verunsichert uns, weil wir spüren, daß er uns nicht in dem Abstand anerkennt, den wir von ihm, als dem Mitglied einer fremden Gruppe, haben, weil er uns also »zu nahe tritt« oder nicht ernst nimmt.

Noch eine letzte Eigentümlichkeit der ritualisierten Ich-Schwäche unseres Sprachverhaltens sei schließlich erwähnt. Es gilt als unfein, allzuviel von sich selbst zu reden, allzuoft das Wort »ich« zu gebrauchen. Wie merkwürdig eigentlich, daß wir alle uns das gegenseitig so ungern zugestehen, dieses Sich-selbst-die-Mitte-Sein. Wir sind es doch, ob wir davon sprechen oder nicht! Aber da gibt es wohl auch in unserem hochentwikkelten Stadium der kulturellen Ich-Werdung noch das alte Unbehagen der Gruppe gegenüber dem Ausbrecher – es ist, als wolle man nicht dauernd daran erinnert werden, daß einem im Gegenüber die Eigenwelt eines anderen Ichs entgegentritt und so die alte heile Gruppenwelt des Wir gestört wird.

Übrigens nützen hier die Anstandsregeln nicht allzuviel: immerhin – so hat vor 80 Jahren der fleißige Gelehrte Friedrich Wilhelm Kaeding unter Auszählung von 11 Millionen deutscher Textworte errechnet – gehörte schon um die Jahrhundertwende das Wort »ich« zu den zwanzig häufigsten unserer geschriebenen Sprache. Heute wird es sicherlich noch häufiger sein, und vor allem im mündlichen, umgangssprachlichen Verkehr vermutlich bei den ersten zehn Worten stehen. Denn nur schriftlich halten wir uns mit unserem Ich allenfalls noch zurück. In offiziellen Briefen und Dokumenten früherer Zeit, bis weit ins letzte Jahrhundert hinein, war diese Zurückhaltung noch wesentlich deutlicher. Da gab es eigentlich überhaupt kein ich, sondern der »untertänigst Endunterzeichnete« wand sich in ehrfürchtigen Tintenschnörkeln und schwang sich – wie viertausend Jahre vorher schon der Wesir Ptahotep – allenfalls zur Formel »meine Wenigkeit« auf.

Ein Naturwissenschaftler pflegt übrigens auch heute noch seine gesamten Fachveröffentlichungen – und seien es Hunderte von Aufsätzen und Dutzende von Büchern – unter sorgfältiger Vermeidung des Wortes »ich« niederzuschreiben. Der Autor dieses Buches macht davon keine Ausnahme – oder haben Sie, verehrter Leser, schon einmal bemerkt, daß er »ich« gesagt hätte? Warum ist dies so guter Brauch? Nun – hier ist es nicht die Gruppe, sondern eine noch höhere, ideale Macht, der der Wissenschaftler in asketischer Anstrengung rituell sein Ich opfert: die wissenschaftliche Wahrheit soll ausgedrückt werden – nur die Fakten sollen sprechen –, und daher soll die Person des Forschers ganz in den Hintergrund treten. »Ich finde, die Erde ist rund« – das wäre keine Wissenschaft, allenfalls eine zutreffende persönliche Meinung. »Die Erde ist rund« (ob es mich, den Forscher, gibt oder nicht) – das ist der Anspruch der Wahrheit, die noch höher ist als aller Anspruch des Ichs.

Und so weist uns die Betrachtung der Sprache als Wegmarke der Kulturwerdung hier erstmals auch auf einen Bereich, der noch oberhalb der Ich-Stufe in einem absoluten Raum des Geistes liegt. Wir werden erst in einem späteren Kapitel auf diese höchste Ebene zurückkommen, die sich jenseits der Sprache, nicht aber jenseits des Denkens erstreckt.

5 Polarität als Spannungsfeld der Kultur

Von welcher Seite aus wir den Prozeß der Kulturwerdung betrachteten, sie zeigte sich stets als ein spannungsvolles Gegeneinanderwirken von beharrenden und fortschreitenden Kräften – von bergenden und austreibenden Tendenzen. So lebt die kultische Gruppe insgesamt – wenn ihre »Stiftung« sie erst einmal mit den prägenden Normen versehen hat – in einer empfindlichen Spannung mit den Naturgesetzen der Art: die jederzeit drohenden Durchbrüche dieses Gesetzes fordern die asketische Anstrengung aller Mitglieder heraus, in kultischen Ritualen wird diese Spannung zwischen Gesetz und Freiheit aufrechterhalten und damit der Raum, in den hinein die Evolution zu höherer Kultur führt. Aber auch der Einzelne, der in einem späteren Schritt aus dieser Gruppe heraus zu eigenem Ich aufbricht, gerät damit in ein von ihm selbst geschaffenes – oder sollten wir sagen: verschuldetes? – Spannungsfeld, das seine Kräfte in einer Zerreißprobe fordert, ja oft auch überfordern kann. Wie die Umgangssprache diese Spannung durch höfliches Demutsverhalten zu mildern sucht, hatten wir im letzten Kapitel behandelt. Das Spannungsfeld zwischen dem Ich und der Gruppe – zwischen dem Individuum und der Gesellschaft – wird uns auch in den folgenden Kapiteln noch mehrfach zu beschäftigen haben. Es ist gegenwärtig, im Stadium der modernen Demokratie, zur Schicksalsfrage der Kultur überhaupt geworden.

Doch gilt es jetzt festzustellen, daß es außer diesen Spannungsfeldern in der Richtung der Evolution, die gewissermaßen die unabwendbaren Geburtswehen für die jeweils höhere Stufe darstellen, auch noch andere, in den einzelnen Ebenen horizontal verlaufende Spannungen gibt, die aus biologischen Gesetzmäßigkeiten herrühren. Vor allem gilt dies für die polare Spannung der Geschlechter, die als allgemeines Grundprinzip der Biologie für alle höheren Formen des Lebens gültig ist.

Auf dem untersten, noch rein naturgesetzlichen Stadium der Art – das wir für den Menschen gar nicht mehr kennen, weil es vor aller Kulturentwicklung gelegen haben muß – ist diese Spannung noch auf eine kurze Saison beschränkt, in der die hormonelle Bereitstellung der Geschlechter für die Fortpflanzung anläuft und vorübergehend alle anderen Antriebe und Verhaltensweisen in den Hintergrund drängt. Auch in den Gruppen, die von höheren Tieren gebildet werden, ist die Struktur der Hierarchie meist nicht primär geschlechtsbezogen, sondern hängt direkt nur von Körperkraft und Alter ab. Das Artgesetz der Fortpflanzung – und zwar der optimal gesicherten durch optimal artgemäße Geschlechtspartner – hat den absoluten Vorrang. Die Hormone regieren in diesem Sinne das Verhalten – Polarität zwischen den Geschlechtern wird von ihnen mit dem alleinigen Ziel der sichergestellten Paarung aufgerichtet und anschließend meist wieder aufgelöst.

Doch lassen wir die Tiere, bei denen diese Polarität der Geschlechter in erheblichem Maße variiert, hier beiseite, um uns wieder ganz der Biologie der menschlichen Kultur zuzuwenden. Wenn wir auch leider nicht wissen, wie es in den allerfrühesten Anfängen der Kulturentwicklung in der sogenannten »Urhorde« zugegangen ist, so darf man doch feststellen, daß für alle, auch für die ältesten uns bekannten Kulturformen das Merkmal der totalen geschlechtlichen Polarisierung gilt. Überall und zu allen Zeiten des Erwachsenenlebens gilt, daß die Gruppenmitglieder in ihren Verhaltensnormen durch ihr Geschlecht bestimmt werden. Fast könnte man sagen: Es gibt grundsätzlich zwei komplette Normenkataloge, von denen einer nur für die Frauen, der andere nur für die Männer gilt. Ein Großteil dieser geschlechtsspezifischen Normen betrifft sogar direkt den Umgang mit dem jeweils anderen Geschlecht: Kontakt und Annäherung der Geschlechter sind genau reguliert, wechselseitige Tabus grenzen in vielen Bereichen – aber doch keineswegs nur in sexuellen, sondern auch im Ritus, in der Sprache, in der Nahrungsaufnahme – die Beziehungen ein, und das Spannungsfeld, das sich auf diese Weise zwischen den Geschlechtern einer Kulturgruppe aufbaut, beherrscht als Erlebnis der polaren Zuordnung die ganze erkennbare Wirklichkeit.

Denn nicht nur Menschen und Tiere unterliegen diesem

zwingenden Entweder-Oder, sondern auch die an sich geschlechtslosen Dinge werden in dieses Spannungsfeld eingeordnet: männlich oder weiblich sieht der Mensch auch die Dinge (*der* Baum, *die* Axt), und er zwingt sie so durch die Belehnung mit einem Geschlecht in sein eigenes Mann-Weib-Spannungsfeld hinein. Aus dem naturgesetzlichen So-Sein hebt er sie also in einem ersten Ansatz schöpferischer Freiheit im Akt der Benennung heraus, wie es als erste Kulturtat Adams schon die Genesis berichtet: er gab dort den Tieren Namen . . ., »und wie er sie nannte, so sollen sie heißen« (Gen. 2:19). Tatsächlich ist es ein Wesenszug fast aller alten Sprachen, den Dingen im Wort nicht nur einen Namen, sondern auch eine eindeutige Geschlechtlichkeit zuzuteilen und so die gesamte Wirklichkeit sexuell zu polarisieren. Die romanischen Sprachen – zum Beispiel Französisch, Italienisch – zeigen noch heute diese absolute Polarität. Jedes Ding ist hier entweder *le (il)*, also »der«, oder *la*, also »die«. Scheinbar geht es bei dieser Geschlechtszuteilung ganz willkürlich zu: *der* Mond und *die* Sonne – so sagen wir –, aber *die* Luna und *der* Sol sind die umgekehrte Zuweisung der Lateiner. Doch auch die Engländer, die nur noch den unbestimmten Artikel (*the*) kennen, denken sich den Mond weiblich (*she*) und die Sonne männlich (*he*). Warum ist das so?

Wir werden auch dieses Rätsel nur im Rückgriff auf den Mythos lösen können, wollen jedoch zuvor noch des N e u t r u m s gedenken, also des Sächlichen, das die Polarität der Geschlechter wieder aufhebt. Es ist eine späte Errungenschaft des Denkens und Sprechens und tritt daher in alten Sprachen meist gar nicht auf. Aber die genaue Beobachtung im menschlichen Bereich ergibt auf einem gewissen Stadium der Kultur zwangsläufig, daß es diesen dritten, geschlechtslosen Zustand gibt, nämlich *das* Kind, das in seinem Bewußtsein noch vor der Aufspaltung in die Geschlechter steht. Es ist in den Spannungsbogen des Männlich-Weiblichen noch nicht eingetreten, ihm sind (um wiederum die Szene mit einem mythischen Bild zu illustrieren) in paradiesischem Urzustand die Augen noch nicht aufgegangen für die Tatsache, daß es »nackt« ist (Gen. 3:7).

In Übertragung der geschlechtlichen Ungeschiedenheit des

Kleinkindes auf andere noch nicht erwachsene Lebewesen beginnt nun – nach dem Schema: *der* Hengst, *die* Stute, *das* Fohlen – in späten Stadien der Sprachentwicklung das Neutrum für das Kleine, für den Teil des Ganzen aufzutreten, wie unsere deutsche Sprache es uns zeigt: *der* Baum, aber *das* Holz und *das* Blatt, *die* See, aber *das* Salz und *das* Wasser; *der* Hirsch, aber *das* Geweih und *das* Fell. Schließlich macht die künstliche sprachliche Verkleinerung bei uns aus allem, selbst aus Mann und Frau, ein sächliches (also geschlechtsloses) Ding: der Mann wird zu *das* Männchen, die Frau zu *das* Fräulein. Und umgekehrt kann unser Denken die Dinge auch durch Überhöhung und Abstraktion gewissermaßen nach oben aus der Geschlechtspolarität herausheben, sie also neutral über den Geschlechtern schweben lassen. Da wird dann im Hochdeutschen schließlich aus Sonne und Mond *das* Gestirn, aus Hirsch und Reh *das* Wild, aus Männern und Frauen *das* Volk.

Die Hinweise, die das grammatische Geschlecht uns auf das dahinterstehende Denken gibt, sind also recht eindeutig in der Grundüberzeugung von der männlich-weiblichen Polarität der Welt, aber im einzelnen doch keineswegs in jeder Sprache gleich. Vielleicht läßt sich das Eigenständige der unterschiedlichen Kulturen und Sprachen sogar selten einmal so deutlich spüren wie hier. Im Genus der Worte leuchtet gewissermaßen die geschlechtliche Tönung auf, in der sich der Gedankenhintergrund der Sprecher jener Zeit befand, als das Wort seine feste Zuweisung erhielt.

An Sonne und Mond, die uns eben schon beschäftigten, läßt sich die ganze Weite des Wandels im Denken und Deuten der Dinge besonders schön aufzeigen. Beide Worte sind im Indogermanischen, aber auch im Semitischen eindeutig männlich. Auch im Althochdeutschen noch sind beide – *sunno* und *mano* – der männlichen Welt zugeordnet. Vom Gotischen her wird dann in unserer Sprache *die* Sonne weiblich und damit zum geschlechtlichen Gegenpol des männlichen Mondes, während in der lateinischen und griechischen Sprache von alters her (und später, unter römischem Einfluß auch im Englischen) die Sonne *der* Herr des Himmels und *die* Mondfrau Luna-Selene seine Partnerin wird. Was steht hinter solchen Merkwürdigkeiten an »verblichenem Mythos« (wie Schelling die Sprache doch nannte)? Nun, der Mond war der Zeitmesser aller indogermanischen (vielleicht der meisten Völker): nach seinen Phasen rechnete man, seine indogermanische Bezeichnung *mens* tritt noch heute in den Worten *messen, Mensur, Monat* auf. Aber das Messen und Einteilen war in jenem verhältnismäßig späten Stadium der Kultur, das diese Begriffe benötigte, eine echte Männersache. Zeitmesser Mond mußte nun also männlich sein, ebenso wie der Tageszeitmesser und Schattenmacher Sonne. Ursprünglich hatte man in den Himmelserscheinungen das Wirken, ja die Person von Göttern und Göttinnen gesehen, und solange diese Art des Denkens und Deutens überwog, wurde die Nacht und ihr Gestirn der Göttin Selene-Luna zugeordnet und damit der Mond selber weiblich. Wie Tag und Nacht aber sind in dieser Denkweise die Himmelsgötter Sonne und Mond polare geschlechtliche Gegensätze, und so geht vom weiblich gewordenen Mond der Denkzwang aus, seinen Gefährten des Tages als Helios-Sol-Sonnenmann zu sehen.

Naturbeobachtung und Deutung der Welt im mythischen Bewußtseinshorizont der Gruppe sind in dieser Kulturstufe aber nicht nur in der Deutung der Himmelserscheinungen, sondern überall in der Umgebung des Menschen schöpferisch tätig: die Erde, die Wassertiefe – sie bringen ja ähnlich wie eine Mutter Lebendiges hervor, und sie werden daher selbst als Mutter angesehen. Fast alle Bäume, Städte, Länder, Flüsse und Inseln sind im Lateinischen weiblich, und die polare Einordnung wird so zwingend, daß sie die Sprachlogik überrennt. Da kommt es denn zu den unregelmäßigen Wortformen, die unseren Schülern so viel Schwierigkeiten machen: So muß der Sprachverstand, der an *fagus* (Buche) oder *populus* (Pappel) die männliche *us*-Endung vorfindet, mühsam lernen, daß sie dennoch weiblich sind.

Auch die Worte für das Schiff sind in dieser Logik, die im Schiffsbauch und seinem lebenden, behüteten Inhalt den Inbegriff des Weiblich-Mütterlichen sieht, selbstverständlich Feminina, ja sie machen im Lateinischen kurioserweise sogar den Seemann formal zum Weib (*nauta*). Aber auch unsere deutsche Sprache verrät hier ein urtümlich-unbeirrbares polares Denken, denn wir sprechen entgegen aller formalen Logik sogar von einem Schiff, das auf einen männlichen Namen getauft ist, wie von einer Frau: »*die* Tirpitz« und »*die* Gneisenau« sagen wir, obwohl am männlichen Geschlecht der alten schnauzbärtigen Generäle kein Zweifel besteht. Ja, wenn einer sein Schiff »Mond« taufen würde, dann – endlich – würden auch wir Deutschen wieder von »die Mond« sprechen!

Gehen wir nun aber noch einen entscheidenden Schritt weiter in unserer Betrachtung der allgegenwärtigen geschlechtlichen Polarität im Bereich der Kultur auf der Gruppenstufe! Menschliches Denken pflegt solche Pole – obwohl sie sich doch gegenseitig bedingen – als ungleichwertig anzusehen: Selbst die Elektrizitätspole bezeichnen wir als positiv oder negativ. Auch im Verhältnis der Geschlechter zueinander steht diese Wertung einem Gleichgewicht der Spannung entgegen: Es gibt in alten Kulturen keine Gleichwertigkeit der Geschlechter, sondern im Zuge der Zuordnung unterschiedlicher Aufgaben tritt unausweichlich auch eine unterschiedliche Rangordnung zutage.

Scheinbar ist das bis heute so geblieben, und zwar eindeutig zugunsten des Männlichen: Männer regieren unsere Welt, ob sie nun Könige oder Parlamentarier sind, das Männliche kommt vor dem Weiblichen. Und wieder kann man leicht zeigen, daß diese ungleiche Wertung der Pole bis tief in unsere Sprache hinein wirkt. Im Plural von Männlichem und Weiblichem regiert da stets das Männliche (als wäre das Weibliche in ihm aufgelöst). Wer Latein kann, hat diese Regel lernen müssen: Die Eltern heißen *patres* (also »Väter«), als wären sie beide Männer. Oder – ein für Feministen noch empörenderes Beispiel der Sprache –, wenn von den Menschen allgemein die Rede ist, heißt es doch in fast allen Sprachen der Erde »die Männer«. Die Engländer sagen ja tatsächlich *man* für Mann und für Mensch, aber auch unser Wort *Mensch* heißt eigentlich »mann-artig«, nämlich von Manus (dem Urvater Mannus der alten Germanen) und ebenso im Altindischen vom Urvater Manu abstammend.

Der Vorrang des Männlichen im Denken geht oft sogar so weit, daß die Tochter als der »weibliche Sohn« vom eigentlichen, nämlich männlichen Sohn unterschieden wird. Schon im Sumerischen heißt der Sohn *dumu*, aber die Tochter *dumu-mi* (Sohn-Frau). Und viele Jahrtausende später steht es im Norden Europas nicht besser: *wifmann* heißt die Frau im Angelsächsischen und *woman* (der Mann mit Wehen) im Englischen. Schließlich ist uns in der Bibel diese Betrachtungsweise von Adam – der übrigens auch Mann ist und zugleich »Mensch« heißt – in dem Akt der Namensgebung für seine Frau als »verblichener Mythos« der Sprache sogar wörtlich überliefert. *Ischscha* – das hebräische Wort für Frau – nennt er da im Jubel der Begeisterung die endlich gefundene Gefährtin, die »Fleisch von seinem Fleisch und Bein von seinem Bein« ist. Aber diese *ischscha* – so meint er – sei einfach das Wort *isch* (Mann) mit einer angehängten weiblichen Endung, also – wie Luther es so richtig übersetzte – »die Männin«. Und so belegt es Adam: »denn vom Manne ist sie genommen« (Gen. 2:23). Ebenso sagt man im Hebräischen statt Söhne und Töchter »Söhne und Söhninnen« (*banim w banot*), statt Brüder und Schwestern »Brüder und Brüderinnen« (*achim w achot*).

Aber gerade hier, am Punkt der tiefsten sprachlichen Abwertung der Eigenständigkeit des weiblichen Pols hilft uns die Etymologie auch wieder herauf zu einer angemesseneren, tieferen Erkenntnis. Denn diese biblische Deutung des Wortes *ischscha* als »Männin« ist im Lichte der Sprachforschung betrachtet eine unhaltbare Volksetymologie, eine nachträglich per Analogieschluß in einer männlich denkenden Zeit eingebrachte Umdeutung der Worte. In Wahrheit liegen die Dinge ganz anders, und die beiden Worte haben in ihrer Herleitung gar nichts miteinander zu tun: *ischscha* kommt von einem ursemitischen Wort für Ehefrau (*aschschatu*) und wurde erst nachträglich an das Mann-(Mensch)-Wort *isch* (*anasch*) angebogen.

Vor allem aber zeigt uns die Sprachforschung, daß es selbst im so betont männlich denkenden und sprechenden Israel auch eine polare Gegenströmung gibt, die sich zumindest an einer Stelle noch deutlich aufspüren läßt. Denn den »Söhnen und Söhninnen« steht sprachlich ganz unlogisch ein »Mütter und Väterinnen« *(immot w abot)* gegenüber! Der Plural für Väter – das gebräuchliche Wort für Vorfahren – ist also weiblich

(. . .*ot*), die Ahnväter werden in einer letzten grammatischen Spur noch als Ahnmütter erkennbar! Mitten im männlichen Denken, das eigentlich nur Väter kennt (man lese einmal die hebräische Abstammungsreihe in Gen. 5), ist doch die Einsicht noch nicht ganz verloren, daß es eigentlich die Mütter sind, aus denen die Kette der Geschlechter hervorgeht. In Griechenland wußte man dies zu jener Zeit noch viel deutlicher: der Hirtendichter Hesiod beschreibt dort im Jahre 700 vor Christus die Herkunft der Menschen in einem »Frauenkatalog«, in dem die Männer fast unerwähnt bleiben.

Es ist das unvergessene Verdienst des Schweizer Gelehrten Johann Jakob Bachofen, vor einem Jahrhundert diese andere, ältere Schicht des Denkens in der Geschichte der Kulturen entdeckt und aufgezeigt zu haben. Überall, wo es möglich ist, in Sage und Überlieferung, Sprache und Brauchtum hinter die Zeiten der Überbewertung des Männlichen zurückzugreifen, wird dort eine Schicht deutlich, die er das Mutterrecht oder das Matriarchat nannte. Für die biologische Betrachtung unmittelbar einleuchtend – und nur dem späten, vaterrechtlichen Vorurteil uneinsichtig –, muß es ja eine der ersten und eindrücklichsten Entdeckungen des Menschen gewesen sein, daß innerhalb der polaren Spannung des Männlich-Weiblichen eigentlich die Frau das wichtige, das unabdingbar notwendige und damit auch das Schicksal der Gruppe beherrschende Geschlecht ist: Sie allein gebiert und nährt die Kinder, von ihr also geht jedes Menschsein aus, sie ist die Garantie für den Fortbestand der Gruppe. Zugleich schwingt sie in tiefer, geheimnisvoller Verbindung mit dem Mond und seinen Phasen im leiblichen Zyklus, stirbt und wird gewissermaßen wie der Mond selbst in »Monaten« (*menses*), wird also von ihm regiert und zieht zugleich mit ihrer Geschlechtlichkeit den Mann magisch an, ist Spenderin seiner Lust und Erlöserin seiner männlich-polaren Spannung zu ihr.

Bachofen hat eine ganze Reihe charakteristischer Merkmale dieser frühen mutterrechtlichen Epoche zusammengetragen und sie mit unendlichem Gelehrtenfleiß in vielen alten Kulturen des Mittelmeers nachgewiesen. In Ägypten und Kreta, in Lykien, Athen und Indien, . . . überall entdeckte er (wie es »Sir

Galahad« nannte) »das weibliche Weltalter am unteren Saum der Geschichte«.

Als den alleruntersten Saum meint Bachofen eine noch total mütterlich orientierte erste Stufe des »chthonischen Tellurismus« zu erkennen, also eine von der Zeugungskraft des Weiblichen und seiner absoluten Dominanz über das eher beiläufige Geschlecht der Männer durchdrungene Denkweise, wie sie in den alten Sagen von den Amazonen nachklingt. Vom männlichen Anteil an der Fortpflanzung der Gruppe war da noch nichts erkannt und daher auch die soziale Klasse der Väter noch nicht etabliert. Tatsächlich heißt es in uralter chinesischer Überlieferung, die ersten Menschen hätten wohl ihre Mütter gekannt, aber nicht ihre Väter, und auch im alten, noch etruskisch beeinflußten Rom war es wohl etwas Besonderes, wenn eine Gruppe von Menschen *patricier* waren, das heißt, wenn sie ihre Väter kannten (*patri-scientes*).

Wie die Normen einer Gruppe auf dieser frühen Kulturstufe wirklich aussahen, kann man wohl kaum mehr rekonstruieren – auch die ältesten uns bekannten Sprachen und Überlieferungen reichen nicht mehr in jenes vorgeschichtliche Dämmerfeld zurück. Aber es muß damals in der Gruppe eine ungewöhnliche, eine total andere Gedankenwelt geherrscht haben, in der die Frauen und Mütter allein von Bedeutung waren. Vielleicht sind die dreißigtausend Jahre alten Kultidole der Steinzeit, wie die sogenannte Venus von Willendorf – eine üppige, gesichtslose, aber von strotzender Geschlechtlichkeit erfüllte Tonfigur –, als Totem oder Götze verehrt und angebetet worden. Und welche verschollene Sprache auch immer man damals gesprochen hat: Das Wort für Mensch war gewiß mit dem für Frau und Mutter identisch.

Sicheren Boden betreten wir dann auf der späteren Stufe des Matriarchats, die Bachofen den »lunarischen Tellurismus« nennt (also die Mond- und Erdanbetung). Sie reichte in vielen Völkern bis weit in die geschichtliche Zeit hinein und ist daher gut belegt. Die unverzichtbare Bedeutung der Männer für die Fortpflanzung ist mehr oder weniger deutlich erkannt, ihre feste Bindung an die Frauen in Form von Ehegesetzen streng geregelt, und damit auch der Vater als familiäre Instanz deutlich gekennzeichnet. Doch immer noch wiegt seine Rolle in der polaren Spannung der Geschlechter gering, immer noch ist er »nur« der Mann so wie der Sohn nur die »Nicht-Tochter« (ein Stadium, das sich zwar nirgends im Indogermanischen, wohl aber zum Beispiel in manchen afrikanischen Hochsudan-Sprachen noch belegen läßt).

Im alten Ägypten – einer in klassischer Zeit absolut matriarchalischen Kultur, von der der Grieche Herodot seinen Landsleuten mit größtem Staunen berichtete – läßt sich zeigen, wie die Wertung innerhalb der polaren Geschlechterspannung sowohl auf die gesamte Natur übertragen wie auch gewissermaßen an den Götterhimmel projiziert wird: Die Erde ist die Mutter schlechthin, aus ihrem Schoß geht die Vegetation hervor und blüht und wächst in den Phasen des Jahres – sie wird daher zugleich die oberste, unsterbliche Göttin Isis, deren bunter Mantel die blühenden Felder und Gärten sind. Der Nil aber, der im Steigen seiner Fluten erwacht und die Erde überflutet und befruchtet, wird zum männlichen Gott Osiris, der regelmäßig im Jahreslauf wieder stirbt und seine Macht – gewissermaßen als Prinzgemahl – nur seiner Beziehung zur Erde, zur unsterblichen Göttin Isis verdankt, so wie der Bruder-Gatte und Pharao an der Seite der Cleopatra zur Randfigur wird und auch ihr römischer Gemahl Antonius zu Fuß ihrer Sänfte folgen muß.

In diesem Sinne liegen in Ägypten und anderen matriarchalischen Mittelmeerkulturen die Rechte der Frauen allgemein weit über denen der Männer. Sie sind Hausherrin, Richterin, Priesterin, ihre Söhne werden ausgeheiratet, ihre Töchter aber bleiben im Haus. Sie oder ihre Mütter wählen sich ihren Ehemann, sie allein besitzen und vererben weiter an ihre Töchter. Der Bruder der Mutter ist höhergestellt als der Vater ihrer Kinder. Die Nacht regiert über den Tag, der Mond über die Sonne, die Erde über den Himmel, das Rot über das Blau, die Zwei über die Eins (wir haben den Rest dieses Denkens noch in der Bezeichnung gerade und ungerade Zahl). Auch links als das Richtige und rechts als das Falsche ist eigenartiges Kennzeichen des matriarchalischen Denkens und Sprechens.

Im Indogermanischen heißt allerdings gerade umgekehrt

»rechts« in den modernen Sprachen immer zugleich auch »recht, glückbringend, geschickt«, dagegen »links« zugleich »linkisch, unheilvoll, ungeschickt«. Aber es ist doch in alten Sprachen auch die frühere, mutterrechtliche Schicht des Denkens noch aufzuspüren: So bedeutet das lateinische *sinister* – also links – im altrömischen Ritus zugleich glücklich und günstig und wird erst in jüngerer Auffassung in sein Gegenteil verkehrt, nämlich zu finster und unheilbringend.

Dies alles gilt aber nicht etwa nur für unsere klassische Antike. Bachofen hat noch erleben dürfen, daß der amerikanische Anthropologe L. H. Morgan in den Indianerkulturen der Irokesen und Huronen intakte Matriarchate entdeckte. Inzwischen kennt die Völkerkunde zahlreiche weitere solcher alten Kulturen, in denen noch in der Gegenwart das Mutterrecht herrscht – vor allem in Polynesien und Afrika. Überall finden sich Erd- oder Mondverehrung und entsprechender Mutterkult, wobei das Weibliche besonders im sexuellen Bereich mit einer Fülle von Tabus der heiligen Unberührbarkeit umgeben ist. Auch der so merkwürdig weit verbreitete Ritus der männlichen Beschneidung muß in diesem Licht gesehen werden. Männer opfern ein Stück ihrer Männlichkeit, um als vollwertig anerkannt zu werden: Das kann doch nur heißen, daß ein weibliches Prinzip, gewöhnlich eine chthonische Muttergöttin, ihnen überlegen ist und durch ein Opfer günstig gestimmt werden soll!

Sogar in die frühesten Stadien einer total inversen, geradezu amazonenhaften Frauen- und Mütterwelt weisen manche Überlieferungen noch zurück. So berichtet der Völkerkundler Ludwig Kohl-Larsen von einer Sage der Tindiga (eines den Buschmännern und Hottentotten nahestehenden afrikanischen Stammes) von dieser verkehrten Welt:

In alten Zeiten waren die Grabstöcke im Besitz der Männer,
in alten Zeiten gehörten die Waffen den Frauen,
in alten Zeiten war die Erde oben, der Himmel lag unten.

Doch die Kulturevolution innerhalb der Gruppen führte offensichtlich von einer gewissen Entwicklungshöhe ab notwendig in eine andere Bewertung der Pole. Der Schritt der Ich-Werdung – die ja auch im Einzelleben Trennung und Ablösung von der

Mutter bedeutet – leitet mit innerer Zwangsläufigkeit eine Phase der betonten Männlichkeit und damit der Unterwerfung des Weiblichen ein. Der Mann wird nun, als der eigentliche Ich-Träger, zugleich auch zum höher bewerteten Pol in der Geschlechterspannung. Ja der wesentliche Anteil an der Fortpflanzung wird jetzt allein ihm zugeordnet. Der Umschlag des Denkens, der nach Jahrtausenden des Mutterrechts den Vater nun weit über die Mutter stellt, ist in der antiken Göttersage exakt datiert. Aischylos läßt im Eumeniden-Drama durch den Sonnengott Apoll den Muttermörder Orest freisprechen, denn . . .

Nicht ist die Mutter ihres Kinds Erzeugerin,
sie hegt und trägt das auferweckte Leben nur,
es zeugt der Vater, aber sie bewahrt das Pfand.

(Eumeniden, V. 658ff.)

Die »Umwertung aller Werte« – das Patriarchat – hat als neuer Denkstil Platz gegriffen, alle alten Wertungen werden nun in die andere, die männlich betonte Richtung gekehrt. Der Mann ist König, Richter, Priester – er erwählt sich seine Frau. Die Söhne erben von den Vätern, rechts geht vor links, der Tag rangiert vor der Nacht, der Himmel vor der Erde, die Eins vor der Zwei, das Blau vor dem Rot. In der Beziehung der Geschlechter ist damit zugleich das polare Gleichgewicht tief gestört: Adam – dessen Sündenfall die ich-hafte Ablösung von der Gruppennorm des Paradieses war – macht sein Weib – seine »Männin« – nun zur Eva (*Chawa*), zur Mutter des Lebens – er allein wohlgemerkt, denn er »soll nun ihr Herr sein« (was sie mit Recht als Strafe empfindet!). Das Weibliche (*nekaba*) ist hebräisch nun einfach das Hohle, das gefüllt werden muß – das Männliche (*sachar*) aber ist das, was die Kette der Geschlechter fortsetzt.

Aber nicht nur im Semitischen wird dieses neue Recht bis in die Sprache hinein spürbar. Auch für die alten Römer ist nun der Mann der »Macher« – Vater (*pater*) klingt auf im alten lateinischen Kultwort *patrare* und heißt »vollenden, ausführen«. Das »Material«, aber, den Stoff, aus dem der Macher Mann nun die Kinder schafft, benennt er nach dem Wort Mutter (*mater*). Im Griechischen denkt man genauso, nicht nur in der himmlischen Ebene der Götter, wo Apoll, und damit die Sonne und der Tag, die alte Erdgöttin, den Mond und die Nacht abgelöst hat, sondern auch in den Gelehrtenstuben. Aristoteles lehrt nun – und seine Lehre hat über zwei Jahrtausende hinweg das Denken des Abendlandes eingefärbt –, daß der Mann der »erste Beweger«, der Künstler und Gestalter sei, die Frau aber sei der Stoff (*hyle*), an dem er schafft und wirkt – er allein!

Auch für diese einseitige, extreme Bewertung aber gilt das alte Kulturgesetz des rhythmischen Wechsels und Ausgleichs. Patriarchalische Überbetonung des männlichen Geschlechts fordert ihr Gegenteil entwicklungsgesetzlich heraus: Frauenemanzipation, wie sie unser gegenwärtiges Jahrhundert kennzeichnet, mußte die Antwort sein auf ein überzogenes »Popanz-Patriarchat« (Christa Meves) des vorigen Jahrhunderts. Doch sollte diese neue Wertung des weiblichen Pols wirkliches Gleichgewicht im Sinn haben und nicht nur Angleichung an den Mann! Eine protestierende Schar von Frauen in Männerkleidung und mit Forderung nach männlichen Vorrechten wäre nur auf dem Marsch in die alte »Männin«-Rolle, der sie doch gerade entgehen will. Echte Gleichberechtigung dagegen hat gerade von der polaren Ungleichheit der Geschlechter auszugehen und sie und die aus ihr herrührende Spannung zu wahren und zu schützen. Nur so könnte auf das Matriarchat und Patriarchat schließlich das Integrat folgen (wie Jean Gebser es nannte), also der Zustand ausgewogener gegenseitiger Achtung und Wertung, in dem die Frau ihr Geschlecht und ihre Eigenschaften mit der gleichen humanen Würde in den Spannungsbogen der Polarität einbringt wie der Mann das seine.

In solchem Integrat wäre dann endlich der Kampf der Geschlechter um Vorrang und Anerkennung ausgekämpft und das frühe, »paradiesische« Stadium der Harmonie der Gruppe auf der höheren Ebene des Ichs wiederhergestellt. Die Ablösung von der Mutter und von der Gruppe, deren Kern sie ist, macht den Sohn zum Ich, der nun als Mann zugleich der Frau gegenübersteht, dem »die Augen aufgehen« und der sich seines Eigenwertes ungewiß bleibt, bis er als zur Frau und Mutter Heimgekehrter zugleich die Gruppe mit dem Ich ver-*söhnt*! Die tiefen Geheimnisse der Mythen, die von solchen Wanderungen (Odysseen) berichten, und die Erkenntnisse der Tiefenpsychologie C. G. Jungs, die beim einzelnen Menschen die entsprechenden Stadien des Individuationsprozesses aufdekken – sie alle sind Variationen der kulturgeschichtlichen Melodie des Aufbruchs aus der Gruppe und der Wanderung auf dem Pfade zum Ich, sind Bilder für das Entwicklungsgesetz des Verlassens der bergenden Hüllen und des neuen Einbergens auf höherer Stufe.

Denn die polare Spannung männlich-weiblich zeigt ja – da sie auch in der Stufe des Einzelnen gültig bleibt – zugleich auch den Weg, auf dem er solche neue Einbindung oberhalb der Gruppe erfahren kann. In der Wiedervereinigung mit seiner »Rippe« wird für den zum Ich gewordenen Mann und für seine ebenfalls Ich gewordene »Gehilfin« die neue bergende Instanz sichtbar: Es ist das »eine Fleisch« eines liebenden Paares, das oberhalb von Matriarchat und Patriarchat im Integrat die Pole der uralten kulturellen Spannung in seine Gemeinschaft einbringt und so die Energie eines Naturgesetzes in neue Freiheitsgrade transformiert. Es ist die neue, weit oberhalb der Gruppe und ihrer Normen angesiedelte Freiheit der personalen Liebe, wie sie der Philosoph Hegel schon beschrieb: »In der Liebe findet sich das Leben selbst, als eine Verdoppelung seiner selbst und Einigkeit desselben.« Dieser personale Einklang, so meinte er, sei ein dialektischer Vorgang, »ein ständiges Geschehen von Trennung und Verbindung, von Selbstentfremdung und Versöhnung«.

Aber wir wollen die Betrachtung noch einen entscheidenden Schritt weiterführen: wenn auch personale »Selbstentfremdung und Versöhnung« das bergende Ereignis zweier Ichs im Raum der polaren Geschlechterspannung sind, wie es der von Marx noch nicht »vom Kopf auf die Füße gestellte« Hegel sah, so ist doch der Einzelne selbst im Stadium des Ichs stets zugleich mehr als nur der Teil eines Paares. Dies gerade ist ja das Bemerkenswerte und unbegreiflich Kostbare am Ich, daß es »alles in einem« ist – daß also auch die Polarität der Geschlechter sich in ihm selbst begegnet. Das biblische »Und er schuf sie männlich und weiblich« (Gen. 1:27) ist ja von der religiösen Tradition oft auch so verstanden worden, wie es Platon in der

Sage vom androgynen Urmenschen wiederholte: daß nämlich jeder Mensch in sich selbst männlich und weiblich geschaffen sei. Die Spannungen zwischen Gesetz und Freiheit, Materie und Geist, Gruppe und Ich, Mann und Frau sind allesamt in uns selbst wiederzufinden – sie sind im Verlauf der Kulturentwicklung zunehmend zu Spannungen im Inneren des Einzelmenschen geworden. Der Kampf zwischen Matriarchat und Patriarchat verlagert sich daher in dem Maße von der Außenwelt der Gruppe in die Innenwelt eines jeden Einzelnen, wie dieser sich zum »Mediokosmos« (Portmann), zur die Welt spiegelnden Monade entwickelt.

Weil das so ist, gelingt es nun, die Spannung der kulturellen Pole auch im Einzelmenschen nachzuweisen. Bis in unsere körperliche Konstitution hinein zeigt sich da eine Abstoßung von Kraftfeldern, die zwei polaren Gegensätzen entsprechen. Es waren die Naturphilosophen Schelling und Kielmeyer, die diese Pole als erste in aller Deutlichkeit erkannten, als sie von dem Individuationspol und dem Generationspol im Menschen sprachen und auf die Merkwürdigkeit hinwiesen, daß sich Gehirn und Geschlechtsdrüsen in unserem Körper tatsächlich wie zwei sich gegenseitig ausschließende Prinzipien weit voneinander entfernen.

Der Abstieg der Keimdrüsen im männlichen Geschlecht (Descensus testiculorum) setzt schon in der Evolution der höheren Tiere ein und erreicht bei den höchsten Säugetiergestalten und dem Menschen das Extrem: Der Kopf, der das Gehirn als das Organ der Individuation (der Selbstwerdung) trägt, streckt sich weit nach vorne, die männlichen Keimdrüsen aber – also das Zentrum der Fortpflanzung der Generationen – werden so weit wie überhaupt möglich in einer Hautfalte nach hinten aus dem Körper herausgeschoben. Kein Zoologe hat für diese Erscheinung bisher eine plausible biologische Erklärung liefern können! Beim Menschen schließlich, zu dessen Wesensmerkmal die Aufrichtung des Körpers gehört, richtet sich damit auch dieser Spannungsbogen aus der Horizontalen in die Vertikale auf. Nach o b e n ragt der Kopf und mit ihm das Organ unseres Geistes, das Gehirn. Nach u n t e n weist die Position der Geschlechtsorgane, die der Fortpflanzung und damit der Materie dienen. Oben und unten – die moralischen Dimensionen scheinen hier auf, die doch zunächst einfach nur die Richtung in einem Spannungsfeld kennzeichnen.

Warum ist das so? Die Biologie, die in der Beobachtung der Evolution eine ihrer Hauptaufgaben sieht, kann diese Frage nicht beantworten. Keine darwinistische Zweckmäßigkeit, kein irgendwie gearteter Selektionsvorteil kann erklären, warum die männlichen Keimdrüsen die sichere Geborgenheit der Leibeshöhle verlassen und sich in die unzweckmäßige Gefährdung der peripheren Lage am Leibespol begeben. Kein wissenschaftliches Argument erklärt, warum diese äußerste Exzentrizität allein dem männlichen Geschlecht widerfährt, während bei allen weiblichen Individuen die Keimdrüsen unbeirrt die Lage in der Körpermitte beibehalten. Aber gerade solche »Fehlmeldungen« der Naturwissenschaft, solche frustrierenden Paradoxa, sind für unsere Kulturbiologie von Bedeutung. Sie machen deutlich, daß es mit der zoologischen Zweckmäßigkeit allein nicht sein Bewenden hat, wenn ein vom Naturgesetz her überzweckmäßiges, ja sogar unzweckmäßiges Phänomen zu beschreiben ist. Der Aufbruch aus der Natur in die Kultur – aus dem Gesetz in die Freiheit – überschreitet grundsätzlich die Grenzen der biologisch plausiblen Zweckmäßigkeit und führt in Bereiche, in denen andere Gesetze herrschen. Wir hatten sie »geistig« genannt, um deutlich zu machen, daß die große, tiefe Polarität von Natur und Geist hinter dem Ereignis der kulturellen Menschwerdung steht. Wir bekommen nun diesen geistigen Gesichtspunkt auch von der Biologie selbst bestätigt, wenn sie sich mit der Kultur beschäftigt.

Daß es im Kulturmenschen dieses Spannungsfeld zwischen oben und unten – zwischen den Ansprüchen des Ichs und denen der Art und der Gruppe – gibt, ist allgemeine Erfahrung jedes Einzelnen von uns. Auch das Schamgefühl – von dem noch in späteren Kapiteln zu sprechen sein wird – weist als Kompaß auf die Pole dieses Feldes und verhilft zur Orientierung. Zwei mögliche Extreme menschlicher Haltung, entfernt noch verwandt mit denen des Matriarchats und Patriarchats, werden in solcher Spannung deutlich, wenn der eine oder der andere Pol überwiegt.

Der »Geistmensch« steht auf der einen Seite, der Typus also, bei dem die Kräfte der Individuation, des Verstandes und der Ichwerdung so eindeutig dominieren, daß die Kräfte des anderen, des generativen Pols abgewertet und abgelehnt werden. Verachtung der eigenen Geschlechtlichkeit bis hin zur asketischen Unterdrückung aller Sexualität sind ein Merkmal dieser Haltung, die sich erstaunlicherweise in überaus vielen, ja vielleicht sogar in allen Kulturen als zumindest zeitweises Ideal einer – meist priesterlichen – Elite finden läßt. Wo der Geist sich seiner absoluten Vorherrschaft bewußt wird und sie mit disziplinarischer Strenge behaupten und demonstrieren will, tritt das Verhaltensideal der Keuschheit auf und schweigt den Gegenpol, das Geschlecht, gewissermaßen tot. (Keusch heißt tatsächlich »bewußt«; es wurde im Mittelalter von den Mönchen auf der Reichenau aus dem lateinischen Wort für bewußt – *conscius* – gebildet!).

Auf der anderen Seite steht der Typus des erdhaften Leibmenschen, der den Kräften der Fortpflanzung – wie überhaupt den biologisch-animalischen – ihr volles Daseinsrecht zuerkennen will und in solchem Materialismus dem Geist und den Gefahren seiner exklusiven Verstiegenheiten mit Gelassenheit, ja mit Skepsis gegenübersteht. Nur eine extreme, ja krankhafte Variante dieses Typus wird den Geist direkt verneinen und die Erde, den Leib und die Lust verabsolutieren. Aber in der gelassenen Mittelposition zwischen beiden Extremen, in der Ausgeglichenheit von Matriarchat und Patriarchat zum Integrat der blutvollen und dennoch geistreichen Persönlichkeit findet dieser Typus seinen harmonischen Frieden, sein »Ruhen in der Ordnung« der polaren Spannung.

Adolf Portmann hat diese beiden menschlichen Typen – er nennt sie den Kopfmenschen und den Grundmenschen – in dem klassischen Paar Don Quichote und Sancho Pansa geschildert. Hier der verkopfte Geistmensch, tragisch in der Zerrissenheit und gefährdeten Würde seines männlichen Ernstes – dort der gelassene Grundmensch mit seinem Mutterwitz und seiner ausgeglichenen inneren Ruhe. Nur dieser Grundmensch, so meint Portmann, kann unsere gegenwärtige Zivilisationskrise überstehen und überwinden, denn nur er, der im

Grunde weibliche Züge trägt und in Konstitution wie in Verhalten dem mütterlichen Pol zuneigt, hat von dort her die Widerstandskräfte, die zur Bewahrung der Kultur in einer verunsicherten Zeit nötig sind.

Der Kopfmensch dagegen, der hagere, hochintellektuelle Geisttäter, dessen dünnen Beinen die Standfestigkeit im Profanen fehlt, ist dem einen Pol zu nahe, als daß er noch den ganzen Bogen der Wirklichkeit umspannen könnte. Er reitet aus, um gegen Riesen zu kämpfen, aber er gerät nur allzuleicht in die Windmühlenflügel einer sterilen Individuation und bedarf dringend des Grundmenschen, der, wie die Erde selbst, in der vollen Fruchtbarkeit der Leib-Geist-Spannung ruht. Die erregende geistige Entwicklungskrise unserer Zeit wird bestimmt durch die Auseinandersetzung zwischen diesen beiden Typen des Menschseins. Wir müssen sie beide in ihrer Würde belassen und nicht gegeneinander ausspielen, denn wir brauchen für unsere Kultur sie beide – und alles kommt darauf an, daß sie beide fest im Sattel sitzen.

6 Der Einzelmensch im Strom der Evolution

Von verschiedenen Gesichtspunkten her haben wir den Aufbruch des Menschen aus der Natur in die Kultur, aus dem Gesetz in die Freiheit betrachtet: als geschichtlichen Prozeß der Bildung der bergenden Hülle der Gruppe und ihrer notwendigen Sprengung durch den zum Ich erwachten Einzelnen, aber auch als Prozeß im Spannungsfeld der Geschlechter, die mit wechselnder Vorherrschaft den Weg der kulturellen Menschwerdung beschreiten.

Doch nun wollen wir diesen Einzelnen selbst in den Mittelpunkt der Betrachtung stellen. In ihren Individuen leben die Arten, und auch die Art Mensch ist in jedem ihrer Entwicklungsschritte auf ihre Individuen, auf die jeweils einzelnen Merkmalsträger der Spezies angewiesen. Sie sind ja das Substrat der Entwicklung und der dabei erreichten Wandlungen und Stufen – und sie tragen daher in sich die Spuren und Wegmarken dieser Wanderung, auch wenn sie selbst, zumindest auf frühen Stufen der Bewußtseinsentwicklung, davon nichts wissen.

Der Naturphilosoph Friedrich Wilhelm Schelling hat als erster die Überzeugung ausgesprochen, daß die Entwicklungsgesetze der Natur ihre Parallele finden müßten in den Stufen der Entwicklung des menschlichen Bewußtseins, daß also der eine Prozeß den anderen widerspiegelt und zugleich ermöglicht. Bei Ernst Haeckel wurde aus dieser Einsicht dann das bekannte »biogenetische Grundgesetz«, das ganz allgemein in jeder individuellen Entwicklung eine verkürzte Wiederholung der geschichtlichen Entwicklung sehen wollte. Aber dieses Gesetz ist in so allgemeiner, anatomischer Form keineswegs gültig, vielmehr durch tausend Ausnahmen gründlich durchlöchert: Der menschliche Embryo hat weder einen Fischschwanz noch Fischkiemen, und seine lebenswichtigen Anhangsorgane und Hüllen sind niemals in der freien Natur vorgekommen! Allein für den Bereich des Geistes gelten in vollem Umfang diese Gesetze der Nachfolge und Wiederholung, die im Schellingschen Konzept der Parallele der Natur – und der Geistesentwicklung angesprochen waren: Jeder Neugeborene, der mit der Fähigkeit zur Übernahme des gesamten Kulturgutes seiner Gruppe in seine Zeit hineingeboren wird, ist doch selbst zunächst ganz offensichtlich noch nicht im Stadium der Bewußtseinsentwicklung seiner Bezugspersonen, sondern muß dahin erst einen langjährigen, in seinen Möglichkeiten streng geregelten Weg durchlaufen, der deutlich geistige Zwischenstadien aufweist.

Wie wir im Folgenden sehen werden, sind diese Zwischenstadien keine spezifisch dem Kind eigenen Stationen der Bewußtseinsentwicklung, sondern entsprechen den großen Etappen, in denen sich – nach dem Zeugnis der Kulturbelege, die wir besitzen – auch die Entwicklung des Bewußtseins des Menschen insgesamt vollzogen haben muß. Wie ein Kristall, der in der Nährlösung wächst, sich Schicht um Schicht vergrößert und verändert, dennoch aber die früheren Schichten als Bestandteil seiner Struktur weiterhin in sich trägt, so muß auch das menschliche Bewußtsein, in der »Nährlösung« der Noosphäre wachsend – in der »Pflanzschule für Geister«, wie Goethe unsere Erde nannte –, in Stufen und Schichten, die den großen Evolutionsschritten der Menschwerdung entsprechen, herangewachsen sein.

Jeder von uns trägt diese Schichten des Bewußtseins in sich, die er im Laufe seines Lebens durchlaufen hat, jeder von uns ist damit gewissermaßen ein lebendes Museum seiner vergangenen Stufen, zu denen er auch wieder hinabsteigen kann oder die in manchen Zuständen des Geistes – in Rausch, Panik, Ekstase und Traum – ihn überschwemmen und vorübergehend bestimmen können. Das Säuglinghafte – es ist ja noch in uns und kann im Falle von Verhaltensstörungen partiell durchaus noch unser Verhalten beeinflussen – das »Kind im Manne« (und nicht minder in der Frau) bricht oft genug in jedem von uns durch. Doch diese Andeutungen unserer inneren Schichtenfolge sollen uns nur einstimmen für das Unternehmen, das wir uns nun ausführlich und im Detail vornehmen: diese Schichtenfolge geistiger Potenzen (wie Schelling sie nannte) in einem geordneten System kennenzulernen, das sowohl die Stadien kindlicher

Bewußtseinsentwicklung jedes Einzelnen von uns wie die entsprechenden Etappen in der Geschichte der Menschheit umfaßt und uns daher gestattet, die ganze bunte Vielfalt kultureller Äußerungen zu ordnen und einzugliedern.

Es war der gigantische Gelehrtenfleiß des deutsch-schweizerischen Kulturphilosophen Jean Gebser, der in seinem Werk »Ursprung und Gegenwart« (1949/53) die Sichtung des gesamten psychologischen und kulturellen Bestandes der Menschheit zu einem fünfgliedrigen System menschlicher Bewußtseins-»Mutationen« (wie er sie – nicht im genetischen Sinne – nannte) durchführte.

Diese fünf Bewußtseinsstufen, durch die die Menschheit im Verlauf der Kulturentwicklung zu gehen hatte – und die in strenger Einhaltung des Gesetzes der Parallelität auch jeder Einzelne von uns wachsend und reifend durchlaufen muß –, nennt Gebser die archaische, die magische, die mythische, die mentale und schließlich die integrale. Seine klare Strukturierung, für die es in ihrer Eindeutigkeit und ordnenden Kraft kein Vorbild gibt, legt ein inhärentes Ordnungsprinzip der Wirklichkeit frei: Geschichte, Kunst, Philosophie, Religion, Sprache, Mythos und Naturwissenschaften – also die ganze Fülle der menschlichen Versuche, uns selbst und unsere Welt zu begreifen und zu beschreiben, findet hier ihren Platz. Das Chaos der Fakten, die sich in vieltausendjähriger Kulturgeschichte vor uns türmen und der Bewältigung harren, lichtet sich und wird in seiner klaren Schichtenfolge überschaubar. Wir brauchen dieses System nur noch einzubringen in unser bereits erarbeitetes Konzept von der Biologie der Kultur, um aus dem Blickpunkt des Einzelnen, der wir selbst sind, das ganze Schauspiel der Menschwerdung – die fünf Stufen des Weges aus dem Gesetz in die Freiheit – vor Augen zu haben.

1. Die archaische Stufe ist die Ausgangsebene, die erste, verborgene, dem Ursprung nahe Form des menschlichen Geistes, die so viele Denker in dem Bild der »Urhorde« beschworen haben. Alle optimistisch-darwinistischen Vorstellungen von Zufall und Notwendigkeit, die im Zuge eines natürlichen Prozesses »irgendwie« aus dem Vormenschen den Urmenschen werden lassen, übersehen dabei die schlechthin unbe-

greifliche Situation des Qualitätssprunges vom Tier zum Menschen. Was sich im sogenannten Tier-Mensch-Übergangsfeld als entscheidender Wandel zu dieser archaischen Stufe des menschlichen Denkens ereignete, bleibt für unsere Logik so paradox wie jeder Qualitätssprung aus dem Nichts ins Sein – wie der Urknall der Physiker, die Creatio ex nihilo der Theologen und wie die »Fulguration« (der Blitzschlag), die nach Konrad Lorenz in die Evolution der Tiere fuhr, damit der Mensch entstand.

Das Gesetz – die Chromosomen, die Reflexe, die Instinkte – hielt den Urmenschen in diesem Stadium noch voll geborgen, aber dennoch muß es auf dem Spiegel seines Bewußtseins die ersten Funken, das erste wärmende Licht eines menschlichen Empfindens gegeben haben. »Nulldimensional« nennt Gebser diesen Urzustand frühmenschlichen Bewußtseins, das dem unserer vorgeburtlichen Situation im Mutterleib entsprechen mag: problemloser Einklang von Außen und Innen, Ungeschiedenheit (und das heißt theologisch: Sündlosigkeit) als paradiesischer Zustand der totalen Geborgenheit in schützenden Hüllen, Indentität des Seins, das den Urmenschen in der Hülle der Gruppe trägt und umfängt, ohne daß er als Einzelner von sich weiß.

Hinweise auf diesen ersten Zustand des Bewußtseins lassen sich finden. Gebsers gelehrter Spürsinn treibt gleich zwei von ihnen auf: Chinesische Weisheit berichtet von der Traumlosigkeit der Menschen der Urzeit, und gleichzeitig weiß man dort, daß grün und blau als Farben – Erde und Himmel als Begriffe – noch nicht unterschieden, noch mit einem gemeinsamen Wort bezeichnet wurden. Wachen und Träumen sind noch eins, Himmel und Erde, oben und unten – alles webt in bergender Ungeschiedenheit als Schleier, der verhüllt und trägt, um den Keim des halb noch schlafenden Bewußtseins. Ein Mensch, der in tiefer Trance handelt, ein Mondsüchtiger, der mit geschlossenen Augen sicheren Schrittes auf dem Dach wandelt – sie geben uns am ehesten eine Vorstellung vom geistigen Sein auf der archaischen Stufe.

Dieses Sein, so müßten wir folgern, ist noch in sich ungespalten, noch kann kein »Geist als Widersache der Seele« auftreten, denn – so ein dunkles Platon-Wort, an das Gebser erinnert – »die Seele ist zugleich mit dem Himmel entstanden«, was nur heißen kann: im ungeschiedenen Chaos dieser archaischen Stufe wartet der Himmel wie die Geist-Seele noch auf den Blitz, der sie von Erde und Körper trennen wird.

Unser eigenes konkretes Erinnern greift nicht zurück in jenes Dämmern, unser Ahnen kann nur weniges ertasten von diesem archaischen Zustand totaler Geborgenheit, in den uns vielleicht allenfalls der »kleine Tod« des Liebesglücks für Augenblicke zurückführen kann. Aber auch das Erlebnis der totalen Hingabe an den Zauber der Musik versetzt den verzückten Hörer zurück in einen Zustand archaischen Einklangs, in dem man als Person vergeht und doch tief im Sein geborgen ist, problemlos-ungeschieden, nulldimensional. Dieser archaische Urzustand mag unserem Tagesbewußtsein noch so ferne liegen – er muß doch so notwendig als Grundstufe unseres Bewußtseins vorausgesetzt werden wie unsere eigene vorgeburtliche, embryonale Existenz, an die wir uns nicht erinnern und die doch als erste Anlage unseres Seins das Fundament unserer Existenz ausmacht und uns durch das ganze Leben trägt.

Aller Ursprung bleibt rätselhaft für den nach ihm zurückblickenden Verstand, und doch ist das Archaische nicht einfach das Primitive, das uns heute nichts mehr anginge, sondern es erscheint geradezu als das Komplizierte, ja Paradoxe, das wir von der Gipfelhöhe des Intellekts aus nicht mehr entziffern können. Und doch bleibt es das Stärkste, der entscheidende Qualitätssprung und die uns tragende Grundschicht im Körperlichen wie im Geistigen, deren Auflösung erst der Tod vollbringt.

2. Die magische Bewußtseinsstruktur ist demgegenüber eine neue, höhere Stufe, eine neue Qualität menschlicher Existenz. Sie ist »eindimensional« meint Gebser – das heißt, sie setzt ein Zentrum eigener Innerlichkeit im Bewußtsein frei. Das »Selbst« ist – wenn seiner auch noch unbewußt – geboren und damit das eigene Handeln, das eigene Machen, die magische Kraft des Wollens. Denn nun – noch ganz säuglingshaft in sich selbst ruhend und doch wie der Säugling in die Trennung von Außen und Innen, von Selbst und Nicht-Selbst geworfen –

wird die Welt zu einem schemenhaft ungeschiedenen Gegenüber, von dem Kräfte und Wirkungen ausgehen und in das der Mensch, der nun – nach Gebser – »zu wollen beginnt«, auch seinerseits hineinwirken kann.

Ein triebhaft-vitales Bewußtsein entfaltet sich und bindet den noch Ichlosen in die Geborgenheit einer Gruppe, in die Blutsverwandschaft einer Sippe, eines Clans. Hier haben wir also den Bewußtseinszustand des früher schon behandelten »talentierten Mitläufers«, der sich der Gruppe fraglos anpaßt! Der Vergleich mit dem Säugling und dem Kleinkind, das sich in totaler Einheit mit seiner Mutter und der Familie – im sozialen Uterus, wie Portmann es nennt – aufgehoben weiß, ist mehr als nur ein passendes Symbol für diese magische Bewußtseinsstruktur: Es ist die echte ontogenetische Parallele zu dem geistigen Zustand, den wir bei dem erwachsenen Mitläufer der kulturellen Gruppe vor seinem Aufbruch zum eigenen Ich anzusetzen haben.

Der Normerfüller, im magischen Bann der Tabus seiner Gruppe, ist dennoch der erste »Freigelassene der Natur«, denn seine eigene Magie des Wollens und Machens stellt ihn über sie. Er stellt Werkzeuge her, materielle Wirkungsträger seiner Magie: Faustkeil, Beil, Speer, Pfeil und Bogen. Aber in der dämmrigen Ungeschiedenheit seiner Eindimensionalität – für die innen und außen, nah und fern, Körperliches und Seelisch-Geistiges noch als magisch miteinander verbunden gelten – greift er wollend, wirkend, beschwörend auch über den Bereich des materiell Faßbaren hinaus, treibt Jagdzauber, übt magische Macht über Gesundheit und Leben und pflegt ekstatischen Umgang mit Naturkräften, die ihm als Dämonen erscheinen.

Dabei wird das Ritual zum Inbegriff der gerichteten, der richtigen Handlung, zur neuen Norm und zum kulturellen Gesetz, mit dessen Hilfe er den Aufbruch aus der Gnadenlosigkeit der Naturgesetze erzwingt. Die Zauberformel, das richtige Rezept, das geheime Zeichen – sie werden vom magisch denkenden Menschen erlauscht und aus den kultischen Tiefen der Gruppentradition empfangen. Er ist gewissermaßen »ganz Ohr« – fraglos und ohne Auflehnung hingegeben dem geistigen Strom des kulturstiftenden »Du sollst« und »Du sollst nicht«, ganz fähig zur Identität mit der Gruppe und ihrem Ich, dem Schamanen, dessen Wille ihn noch ohne Worte erreichen und binden kann.

Die Sprachlosigkeit – besser die vorsprachliche, direkte Kommunikation – ist daher nach Gebser ebenfalls ein Merkmal der magischen Denkstruktur, zumindest in ihrem frühen Stadium. Später aber entsteht gerade hier, in der magischen Kommunikation des Gruppen-Ichs, das erste Wort des Schamanen, das zauberhaft bindet und löst. Wir haben von diesem Zustand bereits in anderem Zusammenhang gehandelt und wollen uns hier nur noch einmal daran erinnern, daß ja auch heute noch jedes Kind in seiner Frühzeit – vor allem im ersten Lebensjahr – sprachloses, der Sprache noch gar nicht bedürftiges »Einvernehmen« mit seiner bergenden Hülle, der Mutter, besitzt. Und wie magisch ist doch das Denken des Kindes auch heute noch: Da gilt noch die heilende Macht des Handauflegens – das Zauberwort »heile, heile, Segen« –, da gibt es noch im Spiel (und doch zugleich im tiefen Ernst) den Zauber der Verwandlung, das Wünschen und Beschwören, den Glauben, der »Berge versetzen kann«, aber auch die Angst vor den Dämonen der Nacht. Da gibt es das Ritual der Abzählreime, der magischen Kreise, das Orakel der Bedeutung von Vorzeichen und vor allem die tiefe, vorsprachliche Einigkeit mit dem Tier, mit den Pflanzen, mit den Gestirnen. Da gilt noch die Magie des eigenen Griffs in die Welt, der morgen schon »die Sonne scheinen läßt«, wenn heute der Teller leer gegessen wird!

Und sind wir diesem Kind in uns etwa völlig entwachsen, wenn wir groß werden? Gibt es nicht magische Durchbrüche in der Panik, in der Ekstase des Rausches, im Jubel der Begeisterung – und sei es auch nur über ein Fußballtor? Wie oft schwemmen das magische Bewußtsein und die tiefsten Inhalte eines kollektiven Unbewußten noch heute den Einzelwillen des Ichs einfach beiseite und lassen dafür die urtümliche Gruppenhaltung des ichlosen Mitläufers wieder an die Oberfläche: »Hosiannah« oder »Kreuziget ihn« heißt es dann in völligem Einklang! Die in der Seelentiefe des Einzelnen begrabenen Tabus, die Dämonenfurcht und das magische Wissen um bedrohliche Mächte – wie oft brechen sie in ihm auf in abergläubischen Ritualen der Angst: Da bringt noch immer die Zahl 13 Unglück, da gibt es noch immer Hexen und Besessenheit, und da wird andererseits im Toto und Lotto – mit strengen Ritualen des *Toi-toi-toi* – noch immer der magische Jagdzauber auf das Große Glück geübt!

Vor allem aber lebt die magische Bewußtseinsstruktur in jedem von uns weiter in den tiefen Schichten der Angst, die uns bei der Sünde der Normübertretung, beim Schritt über die Grenze des Tabu-Bezirks in unserer eigenen Seele packt. Im Widerstand gegen diese Struktur mußte das Bewußtsein ja den Aufbruch aus der Gruppe und hin zum eigenen Ich leisten! Da bleibt (wie wir schon gesehen hatten) ein Rest von Schuldgefühl, ein ängstliches, sich rückversicherndes Warten auf Strafe zurück, da lauern Dämonen und Erinnyen jederzeit abrufbereit auf Rache! Das helle Tagesbewußtsein kann freilich über solche magischen Relikte lachen, aber wenn es ausgeschaltet ist – im Alptraum oder in Zuständen geistiger Erkrankung –, kann doch die Meute jederzeit losbrechen. Sowie die Nacht beginnt, sowie die Logik des Traumes die Oberhand gewinnt, ist die ganze Wirklichkeit des magischen Bewußtseins wieder da und treibt uns um.

Ja, auch das Tagesbewußtsein des modernen Menschen kann solche magischen Ängste in der eigenen Tiefe kaum gänzlich vertreiben: Die psychologischen Hemmungen, von denen wir im Zusammenhang mit dem Schritt des Einzelnen über die bergende Grenze der Norm sprachen, finden hier ihren Ort. Wir dürfen nicht alles, was wir können – das war uns als Kennzeichen des ersten Schrittes in der Kulturbiologie deutlich geworden. Aber: *Wir tun nicht alles, was wir dürfen*, das war als eigenartig die Freiheit begrenzende Haltung des Einzelnen jenseits der Norm beim zweiten Schritt in die Kultur ebenso deutlich geworden. Die Hemmung – so hatten wir gesehen – hindert oft als angstvolle Not am Vollzug dessen, was dann eine bewußte Askese gar nicht mehr zu leisten braucht. Ein magisch-bannender Teil unseres Gewissens lebt als Gesetz der tieferen Bewußtseinsstruktur in uns und wirkt als moralische Schwerkraft mit, damit wir uns nicht im grenzenlosen Raum der Freiheit höherer Bewußtseinsstufen verlieren.

Die Hemmungen, die den Einzelnen hindern, alles das zu tun, was er könnte und dürfte, sind also ein regulierendes, durchaus gesundes Stück der Tiefenschicht unseres Bewußtseins. Der Hemmungslose, der ohne die Schwerkraft der magischen Tiefe seiner Einbezogenheit in die Ordnung der Dinge leben wollte, wäre der Entwurzelte, der Kranke. Was Sigmund Freud als »das Tier in uns« entdeckte – und was unsere Großväter wegen der Gewalt seiner magischen Schubkraft erschreckte –, ist also eine notwendige und gute Schicht unseres Bewußtseins, die nur da zum krankmachenden Problem wird, wo sie entweder unterdrückt und verdrängt wird, oder aber, wo sie uns ungehemmt überflutet und die Herrschaft im Haushalt der Seele an sich reißt. Gebändigt aber wird dieses magische »Tier« in uns zum Reitpferd, auf dem unser Ich sicher seinen Weg ziehen kann, das die Last unserer Existenz trägt und neben der allzeit gegenwärtigen Angst vor dem Unheimlichen auch die mögliche hohe Lust des geistigen Einklangs mit der Welt und ihren Mächten bringen kann.

Gewiß sind diese magischen Strukturen schwer zu beschreiben, fast mehr in dichterischer Sprache zu besingen als in nüchterner Wissenschaftlichkeit zu definieren. Aber Wissenschaftlichkeit selbst ist eben eine viel spätere Bewußtseinsstruktur, und mit ihren Mitteln kann man sich nicht nur der archaischen, sondern auch der magischen Wirklichkeit kaum nähern. Der erwachsene, zum Ich-Bewußtsein erwachte Mensch kann sich auch nur schwer und dämmrig-ungefähr in seinen eigenen frühkindlichen Zustand zurücktasten, kann daher auch Kleinkinder im Grunde nur schwer oder gar nicht wirklich verstehen, und doch muß es die magische Stufe in seinem eigenen Leben wie in der Entwicklung der Menschheit in einem Stadium der Evolution des Geistes auch einmal rein gegeben haben, wenn ihre Reste in uns heute noch so mächtig wirken.

3. Die dritte Bewußtseinsstufe, die m y t h i s c h e, ist unserem modernen Intellekt viel näher – sie ist greifbar wie die Märchen der Kinderjahre und kann daher deutlich geschildert, ja sie kann von Gebser sogar in ihrer Entstehung historisch erfaßt werden. Denn mit der »Mutation« aus der magischen zur my-

thischen Bewußtseinsstruktur wird seiner Einsicht nach Historie in unserem Sinn überhaupt erst möglich. Nun erst gewinnt die Zeit im Begreifen des Menschen ihre absolut eindeutige Richtungsfunktion, nun erst wird genau gemessen und gezählt. Als Zeitmesser waltet der Mond mit seinen Phasen – die zugleich dem weiblichen Organismus seine schicksalshaften Zustände zumessen –, als Jahreszeit regiert die Sonne in ihrem Steigen und Fallen den Taktschlag des Vegetationszyklus, in kreisenden Sternbildern herrschen Zeit und Schicksal über die Weltalter und den Menschen.

Aus dem magischen Zauberwort wird nun die Rede (was die Urbedeutung von »Mythos« ist). Sprache als notwendige Verbindung zwischen dem zu höherer Bewußtseinsart erwachten Menschen bestimmt jetzt den Einklang der Gruppe, doch wird nun zugleich mit dem Verständnis auch der Widerstand möglich – mit dem *Ja* ist auch das *Nein* entstanden, mit dem *Wir* auch das *Ihr*, ja schließlich wird mit der letzten Anstrengung des sich seiner selbst bewußt werdenden *Ich* die ganze Welt zum Gegenüber, zur kaum tragbaren, kaum sagbaren Last der hüllensprengenden Sonderung und Sünde.

Dem neuen Bewußtsein enthüllt sich eine zweidimensionale Welt, in der das einstmals punkthaft zentrierte Selbst sich ausdehnt und mit dem Du der anderen Selbst zum Wir schließt und zur Fläche weitet. Die Geist-Seele des Einzelnen ist nun geboren, »zugleich mit dem Himmel«, um an Platons dunkles Wort zu erinnern. Die Seele aber lebt von Bildern (das weiß heute die Tiefenpsychologie), sie wird von Bildern genährt, und sie entwirft ihr eigenes Sein in Bildern. Aus den Dämonen der magischen Stufe werden nun die Götter, Himmel und Erde bevölkern sich dem mythischen Bewußtsein mit ihnen, und in ihrem Wandel und Wirken gestaltet sich die Welt und bildet die Seele zugleich ihr eigenes, rhythmisch flutendes Leben ab. Es ist nicht das Problem dieser Bewußtseinsstufe, ob es die Götter und ihre mythischen Taten wirklich gibt – so wird später erst der entmythologisierende Verstand der mentalen Stufe fragen –, sie erscheinen oder sie verhüllen sich, sie wirken und sind damit für das Bewußtsein, das sie erlebt, Wirklichkeit.

Diese Wirklichkeit aber ist nun in allen Ebenen geschieden

und aufgebrochen in das Spannungsfeld der Polaritäten. Oben und unten, hell und dunkel, heilig und profan, lebend und tot, männlich und weiblich – das sind dem mythischen Bewußtsein die polaren Signaturen der Wirklichkeit, in der der Mensch, der zu seinem eigenen Ich findet, wie seine Götter wird: »erkennend das Gute und das Böse«. Dies ist die Welt der Märchen, in der wir uns als Kinder so sicher zurechtfanden, wie es auch die Welt der Archetypen ist, die C. G. Jungs Tiefenpsychologie in uns allen freilegte, als er die mythischen Schichten unseres Bewußtseins erschloß. Immer geht da das Ich auf seiner Suchwanderung durch helle und dunkle Zonen, immer ist da die Hoffnung auf die Begegnung mit dem Wunder der Wiedervereinigung des Getrennten, da findet der Prinz die Prinzessin, da befreit der Held die Verzauberten aus ihrem Bann – so wie die Seele des Einzelnen sich im mythischen Bewußtsein aus dem Bann der magischen Umhüllung befreit.

Unsere Kinder fragen nicht, ob es diese Märchengestalten »wirklich« gibt – jedenfalls nicht in dem vorschulischen Alter, das Adolf Portmann ausdrücklich das »Märchenalter« nennt. Sie verstehen unmittelbar die Bilder, die dem mythischen Bewußtsein gemäß sind, ja sie brauchen solche Bilder und Vorbilder, damit diese Seelenschicht sattwerden kann und später zu neuen Ufern der Ratio – auch der Entmythologisierung! – aufbricht. Die Märchen der Völker sind daher ein kostbarer Teil der Kultur, sie sind die Gefäße, in denen mythisches Bewußtsein, das Wissen um Mensch und Welt und um die Not des Aufbruchs des Einzelnen zu sich selbst, aufbewahrt und jeder Generation neu vermittelt wird und sich ihr ins Herz senkt.

Märchen sind zugleich auch tiefer Trost, denn in ihnen leuchtet in tausend Varianten stets die eine großartige Erfahrung auf: Die Freiheit liegt oberhalb des Gesetzes, und sie ist erreichbar wie das ferne Königsschloß: das Ich wird schließlich siegen über alle Widerstände. Wie nötig brauchen wir alle diese Gewißheit, diese Botschaft vom Sieg des Geistes; wie falsch wäre es, wenn wir sie unseren Kindern in einer modernen Pädagogik vorenthalten würden, nur weil wir sie als Erwachsene – scheinbar – nicht mehr brauchen! Scheinbar? Nun, jeder

Blick in eine moderne illustrierte Zeitung, jeder Roman oder Film bestätigt, daß auch unser Mut zur Welt von Märchen lebt.

Die Welt des mythischen Bewußtseins ist uns allen vertraut, man kann nur ihre Bilder auswechseln, aber nicht diese Schicht selbst, die als Fundament unser helles Tages- und Ich-Bewußtsein trägt. Sie spricht in unseren Träumen zu uns – man könnte auch sagen: Wir selbst sprechen in unseren Träumen in der mythischen Sprache zu uns. Wenn aber das allzu herrisch-aufgeklärte Tagesbewußtsein die Bilder des mythischen Urgrundes bedroht, ziehen sie sich in Tiefen zurück, in die unsere Sehnsucht nach dem »verlorenen Paradies« ihnen nachtrauert und nachspürt, bis wir uns entschließen, wieder herabzusteigen zu den »Müttern« wie Faust, der dort den verlorenen Schlüssel zur Welt suchte.

Das Mütterliche, der bergende und austreibende Schoß, der fruchtbare Quell der Fortpflanzung der Gruppe, aber auch der ewig lockende und zugleich die gefährdete Selbständigkeit des Ichs ewig bedrohende Schoß der Sirene, der Circe, der Frau Venus in ihrem Berge – sie sind im mythischen Bewußtsein (und damit im langen Zeitalter der vorchristlichen Jahrtausende) das Zentrum des Kreises, sind Polarität des Ausgangs und Eingangs, des Lebens und Sterbens, des Seins und Nichtseins. Der Mann empfindet sich vor diesem mythischen Hintergrund der Mütter als die Nicht-Frau, als der, der anders und weniger ist als die Mutter, abgetrennt vom Zentrum schöpferischen Seins und ohne Möglichkeit, selbst zeugendes Zentrum zu werden.

Matriarchat ist daher das ursprüngliche Kennzeichen des mythischen Bewußtseins, auch wenn sich in ihm der Kern des Aufbruchs zum Patriarchat schon anlegt, auch wenn in den späten Mythen und Märchen der Vater und König regiert und schließlich gar das königliche Paar und seine heilige Hochzeit das Ziel aller Wanderungen wird. Am Grunde der Märchen walten weiterhin die Nornen und Hexen, die Mütter und die weisen Feen. In der Tiefenpsychologie einer Esther Harding und eines Erich Neumann werden diese Zusammenhänge heute neu begriffen, im gnostischen Kern des Christentums sind sie trotz aller Entmythologisierung nie ganz verlorengegangen und machen so das Mythische neu transparent als das »Ewig-Weibliche«, das uns »hinan« zieht.

4. Die mentale Struktur ist der Qualitätssprung des Bewußtseins, der über die mythische Stufe hinausführt. Diese neue »Mutation« versteht sich als die unmütterliche, als die wie Athene aus dem Haupt des Zeus »rein entsprungene« Ratio, als der abstrakte Verstand, der alle mythischen Nebel lichtet. Ihr Entstehen will Gebser in den geistigen Ereignissen des antiken Griechenland spätestens um 500 vor Christus sehen, ja von diesem Datum einer entscheidenden geistigen Wandlung aus entwickelte er ursprünglich sein ganzes fünfgliedriges Konzept. Was sich damals im griechischen Denken formte, was sich vorher schon im Umbruch des religiösen Denkens Israels zum Monotheismus tat und was er für die Zeit etwa um 1000 vor Christus auch bei den chinesischen Weisen aufspürt (etwa die Umredaktion des Orakelbuches I-Ging zum Weisheitsbuch durch den legendären König Wen) – dies alles sind Zeugen des Entstehens der neuen Bewußtseinsstufe des rationalen (mentalen) Denkens.

Das männlich-ich-hafte Wachbewußtsein tritt nun auf den Plan – dem »Du sollst« der Gruppe tritt das »Ich will« des Einzelnen erstmals kraftvoll entgegen. Die Ebene, die die mythischen Bilder trug, weitet sich zum dreidimensionalen Körper, die »perspektivische« Welt wird möglich, der Raum gewinnt Tiefe. Griechische Wissenschaftslehre, jüdische Heilslehre und römische Staats- und Rechtslehre sind die Absprungbasis des neuen Bewußtseins und der neuen Einstellung gegenüber der Welt. Aus der demütigenden Haltung des hinnehmenden Zählens und Messens gegebener Werte wird das Abzählen und Bemessen aktiv-ordnender, verstandesmäßiger Weltbewältigung. Nicht Mondphasen und Sternumläufe regieren die Welt, sondern die abmessende Ratio findet die Formel, das Gesetz, nach dem sich Mond und Sterne zu richten haben. Die göttlichen Gestirne und ihre Schicksalsmacht werden auch in der Religion im Prozeß mentaler Entmythologisierung zu ordinären »Lampen« degradiert, die nicht mehr am Firmament herrschen, sondern sie »sollen dienen zu Zeichen für Festzeiten, für Tage und Jahre« (Gen. 1:14 b).

Aus der mythischen, sich im Gleichgewicht haltenden Polarität wird nun die logische Alternative. Entweder-Oder, das Gesetz der aristotelischen Logik, wird damit zur neuen Basis des Weltbegreifens. Nicht länger gelten Hell *und* Dunkel, Gut *und* Böse, Mann *und* Frau als sich ergänzende und tragende Pole, sondern Hell *oder* Dunkel, Gut *oder* Böse, Mann-Vater *oder* Frau-Mutter sind nun alternativer Aufruf zur Entscheidung, die nicht nur das eine mental vom anderen trennt, sondern zugleich das eine annimmt und das andere verwirft. Kein Nebeneinander von Wahrheiten und Göttern ist mehr möglich, das Entweder-Oder des Aristoteles fegt den Götterhimmel leer und setzt später im »Ausgang aus der selbstverschuldeten Unmündigkeit« – in der Aufklärung also – zum allgemeinen, entmythologisierenden Bildersturm an, der schließlich mit den Bildern auch die Seele des Menschen leerzufegen droht.

Aus dem Nebeneinander von Gleichwertigem, wie es das mythische Bewußtsein leistete, wird nun der mentale Entscheidungszwang für das Bessere gegen das Schlechtere, für das Richtige gegen das Falsche. Nicht länger empfindet sich der Mann als die Nicht-Frau und Nicht-Mutter, sondern er wird nun in seiner mentalen Sicht zum eigentlichen Menschen, zum Patriarchen. Die Frau aber ist nun der Nicht-Mann, und wir hatten schon gesehen: »Männin« nennt sie Adam, der sie mit Vaterhilfe aus der eigenen Rippe gebiert, so wie er nun alles erzeugt, benennt, zuteilt (»*Ratio*«) und beherrscht. Zwar weiß sein mythisches Bewußtsein, daß er nur mit Hilfe des Weibes »Gut *und* Böse« erkennen und dafür die Geborgenheit des Paradieses eintauschen wird, aber im mentalen Bewußtsein wird er die Polarität zerbrechen und das duale »Gut *oder* Böse« daraus machen, das zur Entscheidung zwingt, zum Kampf, zur Ablösung und endgültigen Sonderung, und das damit zur dauernden Versuchung des Mentalen wird: selbst der Gott zu sein, der Gut oder Böse setzt!

Der hüllensprengende Akt der Selbstbefreiung von mythischen Mächten, der endgültige geistige Aufbruch des Einzelnen aus der Gruppe, hin zu sich selbst, den das mentale Bewußtsein der Menschheit unserer Kultur in jenem letzten vorchristlichen Jahrtausend begann, ist zugleich die große Krise des Umbruchs vom Matriarchat zum einseitigen Patriarchat. Auch diese Krise aber ist zugleich erlebte Evolution auf dem Schicksalsweg eines jeden von uns. Denn auch wir entwachsen dem Märchenalter, lösen uns von der Vorherrschaft der Mutter und brechen in der Pubertät zu uns selbst auf. Auch wir entmythologisieren, lösen uns vom Bild der Autoritäten, zerschneiden mit der bedingungslosen Sextanerlogik des Entweder-Oder alte Bindungen und fühlen uns – »dem Knaben gleich, der Disteln köpft« – frei im prometheischen Aufstand gegen die Götter.

Und wieder gilt für diese, wie für alle vorangehenden Evolutionsstufen auch: wo sie möglich wird, ist sie auch nötig, denn sie führt einen entscheidenden Schritt weiter auf dem Weg vom Gesetz zur Freiheit, also auf dem Entwicklungsgang der Kultur. Es bedarf hier keiner weiteren Beschreibung der mentalen Stufe: Sie ist die unsere auf weiten Strecken unseres Denkens und Handelns, sie ist das tragende Gerüst der Technik und Zivilisation, der Philosophie und der Wissenschaften unserer Zeit. Sie ist Glanz und Elend unserer heutigen Epoche, und sie wird uns daher, wenn wir in den folgenden Kapiteln nach der Krise der Gegenwart fragen, noch eingehend beschäftigen. Wir werden dann aber auch erkennen, daß am Ende der euklidischen Geometrie, der aristotelischen Logik und der demokritischen Atomlehre sich bereits die Geburtswehen des neuen, rettenden Bewußtseinssprunges zeigen, hin zur letzten Mutation unseres Geistes.

5. Im integralen Bewußtsein, wie Gebser diese letzte, halb noch zukünftige Stufe nennt, wird der mentale Zeit- und Raumbegriff gesprengt und mit ihm die formale Logik der Alternative: Eine *vierdimensionale* Betrachtung wird nun möglich, wie sie heute nur den Physikern voll gelingt. Der Raum krümmt sich in der Zeitdimension, die divergierenden Linien der Perspektive schließen sich zur Kugel, die Welt wird in ihrer Unendlichkeit begreifbar als Raum-Zeit-Sphäre – als »aus sich rollendes Rad«, wie schon Nietzsche diese letzte Stufe unseres Bewußtseins voraussah.

Gebser hat die »Konkretionen der aperspektivischen Welt« ausführlich dargestellt, hat überall im Innern der etablierten mentalen Welt die Spuren des Neuen aufgetrieben: in Naturwissenschaft und Philosophie, in Musik, Malerei und Dichtung: der Surrealismus eines Dali, das Aperspektivische Picassos, die Zwölftonmusik Schönbergs oder auch die Dichtungen von James Joyce – überall sieht er die mentale Ebene des Entweder-Oder, des logischen Zwanges verlassen für das neue integrale Sowohl-als-Auch.

Besonders für die Naturwissenschaft aber ist dieses neue, noch zögernd bewältigte Denken im Umgang mit dem Paradoxen notwendig geworden – mit dem Widersprüchlichen, das am Ende atomistischer, dualistischer, alternativer Weltentzifferungsversuche auf ihn wartet. Überall tritt an die Stelle des aristotelischen Entweder-Oder, das die Welt zu bequemer Entscheidung zurüstete und dabei die Wirklichkeit verstümmelte, das integrale Sowohl-als-Auch – das »komplementäre Denken«, wie es die Atomphysiker Nils Bohr und Werner Heisenberg angesichts der mikrophysikalischen Paradoxe forderten.

Für die Wissenschaft, für unser Zeitalter und für jeden von uns gilt als Aufgabe: die bergende Hülle mentaler Logik zu verlassen und den ungesicherten, zu mehr Wahrheit führenden Weg des integralen, die Gegensätze umfassenden Denkens zu gehen. Materie oder Energie, Ursache oder Wirkung, Ort oder Bewegung, Subjekt oder Objekt: die integrale Überwindung dieser scheinbaren Gegensätze unserer mentalen Begriffsschemata ist zur Erfassung physikalischer Wirklichkeit heute ebenso notwendig wie für den Prozeß der Kulturevolution die Überwindung der Gegensätze von Matriarchat und Patriarchat zum Integrat wie schließlich für jeden Einzelnen von uns das integrale Sowohl-als-Auch von Naturwissenschaft und Religion, von Zufall und Gott, von Gesetz und Freiheit.

Das Integrale hebt das Mentale auf, aber nicht, indem es beiseite schiebt und bedrängt, sondern indem es die niedere Stufe des Bewußtseins und seiner Wirklichkeit umschließt, überhöht – eben integriert. Und so hob vorher das Mentale das Mythische in sich auf, und das Mythische überhöhte das Magische und seinen Kern, das Archaische. Die Wahrheit hat viele Stufen, auf denen das sich entwickelnde Bewußtsein des Einzelnen heute – wie in Jahrtausenden ihrer Entwicklung die

Menschheit insgesamt – nacheinander aufsteigt zu immer höheren Ebenen. Auf der letzten, der integralen, sieht auch der Mensch endlich, »daß es gut ist« – daß Gesetz und Freiheit, Magisches und Mythisches wie Rationales zusammenfließen zu einem Bezirk der Kultur, in dem der geheimnisvolle Prozeß der Welt- und Menschwerdung sich seiner selbst ganz bewußt wird als des ganz anderen, des endlich wirklich »Freigelassenen der Natur«.

7 Das Erstjahr des Kindes als Eingangsstufe der Kultur

Im letzten Kapitel war der Einzelmensch, als der eigentliche Träger der Kulturevolution, in den Mittelpunkt der Betrachtung gerückt. Diesen Einzelnen, dessen stufenweise Bewußtseinsentfaltung wir verfolgt hatten, gilt es nun in dem ganzen Prozeß seines Werdens und Hereinwachsens in die Kultur und zugleich seines Mitwirkens und Tragens an dieser Kultur zu erkennen. Die »Sonderstellung des Menschen im Kosmos« – von der Max Scheler so eindrücklich sprach – zeichnet ihn ja nicht erst als Erwachsenen aus, sondern gerade dieses Erwachsenwerden, der Prozeß des Eintritts in die Kultur, ist selbst bereits geprägt von seinem Sonderstatus und kennzeichnet ihn – bei aller Verwandtschaft mit dem Tier – von Anfang an als den ganz anderen. Wir können seinen Weg aus dem Gesetz in die Freiheit daher nur wirklich verstehen, wenn wir in unserer Biologie der Kultur die Geschichte des Einzelnen von ihren ersten Stadien an verfolgen. Dies soll in diesem und in den nächsten Kapiteln geschehen. Hier gilt es also zu untersuchen, wie sich das Schicksal des Menschen, des Kulturträgers, von seinem individuellen Anfang bis zum Ende seines ersten Lebensjahres, also in der vorsprachlichen Zeit, entfaltet.

Der Beginn des individuellen Lebens eines Menschen – genauso aber, wie es scheint, auch der meisten anderen Lebewesen – ist die Befruchtung einer mütterlichen Keimzelle durch eine väterliche. Das ist scheinbar eine Selbstverständlichkeit, obwohl wir nicht vergessen wollen, daß wir erst seit wenig mehr als einhundert Jahren diese biologischen Fakten für den Menschen eindeutig kennen. Aber hinter dem Selbstverständlichen liegen oft die größten Probleme. So auch hier: was geschieht denn eigentlich bei dieser Befruchtung so grundsätzlich Neues, daß ein unverwechselbares Menschenschicksal seinen Ausgang davon nehmen und eine Person entstehen kann? Es treten zwei halbe Chromosomensätze – je 23 Stück – zusammen zu einer neuen Einheit. Gewiß – aber jeden dieser Halbsätze gab es doch schon vorher! Vermischt mit einer anderen, erst bei der Reifeteilung verlorengegangenen Hälfte, ist jeder dieser Halbsätze ja identisch mit den Chromosomen der Körperzellen eines der Eltern gewesen, und da für diese das gleiche gilt, entsprechend auch mit dem der Großeltern und so weiter. Eine im Grunde höchst verwirrende Situation: Durch Entmischung und Neukombination der wenigen, stets gleichen Elemente – nur selten durch kleine Mutationen variiert – soll die ganze jeweilige Einmaligkeit und kostbare Unverwechselbarkeit von Milliarden von Menschen entstehen? Das Geheimnis der Individualität ist groß, denn sie tritt ohne ausreichend einsehbaren Grund aus dem Strom der genetischen Information hervor, mit dem sie zugleich doch innig verbunden bleibt. Wie der amerikanische Dichter Walt Whitman es sang . . .

Bevor ich aus meiner Mutter geboren ward,
haben Generationen mich getragen.

Obwohl sie die Individualität des Einzelnen nicht erklären können, dürfen wir die Chromosomen nicht gering achten. Die moderne Molekularbiologie hat keine andere komplizierte Struktur so intensiv erforscht wie die DNS-Ketten, in denen der genetische Code gespeichert ist und von Generation zu Generation übertragen wird. Immerhin kennt man heute bereits mehr als eintausend der insgesamt auf 50000 geschätzten menschlichen Gene – 120 davon kann man sogar auf einer Chromosomenkarte einzeichnen. Doch bleibt das Ergebnis enttäuschend, wenn man die Wirkung dieser bekannten Gene betrachtet: kein einziges ist dabei, das eine wesentliche Struktur unseres Körpers verursachte, also etwa das Gehirn aufbaut oder auch nur einen kleinen Finger. Meist sind es lediglich Gen-Orte, an denen sich bestimmte Enzyme bilden, wie sie im Stoffwechsel der Zellen gebraucht werden – bestenfalls leisten sie so komplizierte Dinge wie den Rhesusfaktor des Blutes (der in einem Gen auf Chromosom Nr. 1 sitzt) oder einen Beitrag zum Funktionieren des Wärmesinnes (Gen ts AF8 auf Chromosom Nr. 3).

Aber dennoch, wir wissen: ein Fehler in diesen Ketten oder gar der Verlust oder die Verdoppelung eines Chromosoms können schreckliches Schicksal sein, können einem Einzelnen ein unvollkommenes und unbrauchbares Instrument für sein Leben liefern, ihn von allen Kulturleistungen, von Freude und Glück des normalen Menschseins, ausschließen. Nur ein kompletter und korrekter menschlicher Chromosomensatz gibt die Garantie für die Basis des Menschseins: einen gesunden menschlichen Körper mit einem leistungsfähigen Gehirn. Wir können es uns nicht leisten, diese Basis zu leugnen und dazu die ganze kostbare Fracht des Angeborenen im Sein und im Verhalten – es ist menschlicher Hochmut, zu meinen, dies alles wäre unwichtig und allein das Erworbene, das richtig (oder falsch) Anerzogene mache den Menschen und seinen Charakter aus. Alle Lerntheorien, die auf dieser einseitigen Einstellung beruhen, müssen daher letzten Endes vor der Wirklichkeit des Menschen Schiffbruch erleiden.

Aber wir müssen uns auch davor hüten, die Gene zu überschätzen. Wenn neuerdings der englische Psychologe Hans Jürgen Eysenck behauptet, fast die gesamte, nämlich 80 % unserer Intelligenz sei angeboren, das heißt genetisch bestimmt, so hat das zwar eine wohltuend ausgleichende Wirkung inmitten der behavioristischen Szene, aber es ist doch zugleich in der angemaßten Exaktheit der Zahlenangabe ein Rückfall in platten Biologismus. Noch schlimmer allerdings ist die im Gefolge der »genetischen Theorie« oder »Sozialtheorie« des amerikanischen Zoologen W. D. Hamilton sich ausbreitende, neuerdings bei uns vor allem von Wolfgang Wickler übernommene Theorie, nach der eigentlich nur die Gene eine planvolle Strategie eigener Existenz betreiben – gewissermaßen als die »kleinen grünen Männer« aus dem Kamin der Biologie –, während die Individuen nur ihr »Trick« sind, sich als Gene zu vervielfältigen. Daß die Henne nur der Trick des Eies sei, neue Eier zu erzeugen, war eine alte scholastische Spitzfindigkeit. Daß aber letztlich jeder von uns nur ein Trick der menschlichen Gene wäre, zu immer neuen Gen-Existenzen zu gelangen, ist surrealistische Science-Fiction-Logik und gibt für einen biologischen Gag die Gewißheit unseres Selbst und des hohen Wertes unserer Person in Zahlung. Nicht wir dienen den Genen, sondern sie dienen uns – in letztlich immer noch keineswegs geklärter Weise – vom Moment der Befruchtung an zur Bereitstellung des Substrates, in dem sich jedesmal wieder in gleicher Weise – und jedesmal doch mit einmaligem Resultat – unser menschliches Sein darstellt und entfaltet.

Damit ist auch klar, was wenigstens in der Zeit der wildesten neodarwinistischen Spekulation durchaus strittig war: Von Anfang an, nämlich schon im Stadium der befruchteten Eizelle, ist der Mensch ein Mensch, auch wenn er zunächst wie ein Einzeller oder wie ein ungeordneter Zellhaufen aussieht. Es war der Irrtum der konsequent Haeckelianischen Theorie, die von Karl Bühler noch in den dreißiger Jahren vertreten wurde, daß (getreu dem biogenetischen Grundgesetz) der Mensch in seiner vorgeburtlichen Entwicklung zunächst Einzeller – also gewissermaßen Amöbe – dann Wurm, Fisch, Reptil, niederes Säugetier und Halbaffe sei, um kurz nach dem Schimpansenstadium des achten Monats schließlich im neunten als Mensch geboren zu werden. Auch den modernen Befürwortern der Fristenlösung in der Abtreibungsfrage muß wohl ähnliches zur seelischen Entlastung für den Eingriff vorgeschwebt haben, doch gibt es nicht den geringsten biologischen Anlaß zu einer solchen Vorstellung.

Im Gegenteil: der Göttinger Anatom Erich Blechschmidt, wohl einer der besten Kenner der menschlichen Embryonalentwicklung, hat immer wieder betont und mit eindrucksvollen Fotos belegt, daß der Eigenweg des Menschen ihn von frühesten Keimesstadien an von anderen Lebewesen unterscheidet. So weiß man heute, daß zum Beispiel die Knorpelbildung des Promontoriums im Becken – also der Beginn der S-Krümmung der menschlichen Wirbelsäule, die den Menschenaffen fehlt – schon im zweiten Monat der Embryonalzeit beginnt.

Mensch also von Anfang an – aber was heißt das, wenn nach 280 Tagen – also nach zehn Mondumläufen – die Geburt erfolgt? Wird unsere Sonderstellung in diesem ersten Moment schon deutlich, etwa mit unserem ersten Schrei, der nach Meinung von Immanuel Kant (1800) »nicht den Ton des Jammers, sondern der Entrüstung und aufgebrachten Zornes« an sich hat, den Hegel für »eine Offenbarung unserer höheren Natur« hielt und aus dem der Hegel-Schüler Michelet (1840) sogar »das

Entsetzen des Geistes über das Unterworfensein unter die Natur« heraushören wollte?

Es ist der sorgfältigen vergleichenden Beobachtung des Basler Zoologen Adolf Portmann zu verdanken, daß wir die Sonderstellung des menschlichen Neugeborenen in ihrem ganzen Ausmaß erkannten. Anders als alle vergleichbaren Säugetiere ist der kleine Mensch nach seiner Geburt weder ein »Nestflüchter« – wie etwa Kalb und Fohlen, die schon nach wenigen Minuten stehen und laufen können – noch ein typischer »Nesthokker«, wie die blinden, fast noch embryoartigen Nagetier- und Raubtierjungen. Der Vergleich mit unseren engsten »Vettern« aus dem Tierreich, den Menschenaffen, macht unsere Sonderstellung besonders deutlich: Mit doppelt so großem Hirngewicht, aber trotzdem im Gegensatz zu Gorilla und Schimpanse für viele Wochen von fast völliger Hilflosigkeit, ist das menschliche Neugeborene mit Portmann als »sekundärer Nesthocker« zu bezeichnen, stellt also eine totale Ausnahme dar.

Auch das nachgeburtliche Wachstum, das nun beim Menschenkind abläuft, ist völlig ungewöhnlich, nämlich im ganzen ersten Lebensjahr so schnell, wie es sonst nur bei Embryonen im Mutterleib vorkommt. Nimmt man schließlich noch die Tatsache hinzu, daß die eigentlichen Artmerkmale des Menschen – Sprache, aufrechte Körperhaltung und einsichtiges Handeln – überhaupt erst nach dem ersten Lebensjahr deutlich werden, so kann man die Ungewöhnlichkeit dieser Situation biologisch am besten so ausdrücken: Der neugeborene Mensch ist eine »physiologische Frühgeburt«. Wäre der Mensch ein typisches Säugetier vom Nestflüchtertyp, so müßte er erst im Zustand der Einjährigkeit geboren werden, also nach 21-monatiger Schwangerschaftsdauer. Portmann konstatierte daher in seiner klassischen Arbeit über »die biologische Bedeutung des ersten Lebensjahres beim Menschen« (1941): »Die typische Embryonalzeit des Menschen, etwa 21 Monate umfassend, gliedert sich in zwei Abschnitte, in die intra-uterine Zeit und das extra-uterine Frühjahr.«

Diese Entdeckung des »Erstjahres« als einer biologischen Besonderheit des Menschen hat seither eine große Rolle in der

Anthropologie gespielt und findet – trotz aller ideologischen Widerstände – in unserer Zeit endlich auch Eingang in die Praxis der Behandlung Neugeborener. Die Kinderärzte und Pädagogen, vor allem aber die Mütter selbst stehen vor der biologisch beweisbaren Tatsache, daß Mutter und Kind – zumindest ein ganzes Jahr nach der Geburt noch – eine existentielle Einheit bilden, eine »Dyade«, wie es Sigmund Freud schon wußte, die ohne Schaden für das Kind so wenig gestört werden darf wie die Schwangerschaft selbst. Wir werden davon noch zu sprechen haben.

Hier sei zunächst nur festgestellt, daß nicht etwa irgendwelche romantischen Emotionen, sondern nüchterne biologische Meßreihen den unanzweifelbaren biologischen Tatbestand zutage förderten, daß der menschliche Säugling sich in einer mit keinem Tierjungen vergleichbaren Sondersituation befindet. Und hier schließt sich der Kreis zu unseren vorausgehenden Betrachtungen über die oberhalb der reinen Natur – nämlich im Raum der Kultur – stehende Position des Menschen zwischen Gesetz und Freiheit. Oder um es mit Portmann zu sagen (ebenfalls in seiner Arbeit von 1941 schon): »Wenn bei einer einzigen Art in einem großen Kreis von Gestaltsverwandten – in unserem Falle beim Menschen in der Gruppe der Primaten – die typischen Ontogenesegesetze durchbrochen erscheinen, dann weist das Einzigartige dieser Ontogenese auf tiefe Beziehungen hin zu den wesentlichen Besonderheiten der menschlichen Daseinsart.«

Diesen »Besonderheiten der menschlichen Daseinsart« sind wir auf der Spur, wenn wir den Neugeborenen auch in seiner Gestalt einmal unabhängig von der Suche nach Ähnlichkeiten zum Tier unbefangen vergleichen, wie es der holländische Anatom Ludwig Bolk bereits vor einem halben Jahrhundert in seinem Buch »Das Problem der Menschwerdung« tat. Dann fällt schon in diesem frühen Stadium eine ganze Reihe von Besonderheiten des Körperbaus auf, die übrigens allesamt das ganze Leben über vorhalten und sich nicht etwa beim erwachsenen Menschen verlieren. Ihnen allen ist gemeinsam, daß sie gegenüber den Tieren geradezu embryonal erscheinen: die fast völlige Nacktheit der Haut – eine Andeutung von »Fell«, das sogenannte Lanugo, verliert sich beim Menschen schon vor der Geburt –, die verhältnismäßig unspezialisierte Hand- und Fußform, die Knickung der Kopfachse (die jede Schnauzenbildung vermissen läßt) und die Einkrümmung der unteren Körperpartie, durch die die Geburtsöffnung in Bauchlage gerät. Alles Merkmale, die sich im Embryonalstadium auch bei Menschenaffen finden, die aber beim Menschen selbst für das ganze Leben charakteristisch bleiben. Bolk nannte diese Erscheinung daher »Fötalisation« oder »Retardation«, er erblickte im Menschen gewissermaßen einen lebenslänglichen Embryo – also eine nie ganz zum gewöhnlichen Endzustand tierischer Entwicklung ausgereifte und erstarrte, sondern zeitlebens in kindlicher Elastizität und Offenheit verbleibende Gestalt.

So haben wir also von ganz verschiedenen Seiten her – von der Embryologie, Wachstumsphysiologie und vergleichenden Anatomie – den gleichen, eindeutigen biologischen Hinweis: wir sind anders als die Tiere, wir sind schon bei der Geburt mehr als sie alle auf die Einbergung in eine neue, tragende Hülle angewiesen. Aber eben deshalb – das ist der Gewinn dieser Einbergung, die uns die frühe Selbständigkeit der Nestflüchter vorenthält – sind wir auch das einzige Wesen, das weit über das durch die Chromosomen Ererbte hinaus empfänglich ist für eine Formung durch die Umwelt, in die wir hineingeboren werden. Das erste Lebensjahr – das uns so außerordentlich gefährdet, weil wir »eigentlich« noch gar nicht in die Außenwelt gehören – ist unsere Chance, es ist die Voraussetzung für das Entstehen und das Weitergeben der Kultur. Um es noch einmal mit Portmann zu sagen: »Im ersten Lebensjahr, das allen Gesetzen des höheren Tierlebens zum Trotz nicht mehr im schützenden Mutterleibe durchlebt wird, bilden sich im notwendigen Kontakt mit dem Reichtum der Welt, im Kontakt auch mit der so wichtigen, künftigen Sozialwelt des neuen Menschen seine bezeichnenden Eigenheiten: das weltoffene Verhalten, die Sprache und die aufrechte Haltung.«

Nach alledem dürfen wir erwarten, daß sich im Neugeborenen schon ein erster Ansatz späterer Weltoffenheit finden läßt, daß es zu seelischen Empfindungen in der Lage ist. Es ist nicht weiter erstaunlich, daß schon die frühe Medizin und Philosophie über das Säuglingsstadium nachgedacht hat. So rief schon der antike Klassiker unter den Ärzten, Galen, der ein Buch über die Entwicklung des Menschen schrieb, angesichts der Bewegungen des Säuglings aus: »Hat die vernünftige Seele den Körper gebaut, warum weiß sie von ihren Instrumenten nichts, die sie doch mit so großer Sicherheit benutzt? Und wenn es eine unvernünftige, vegetative Seele war, wie konnte sie einen so weisen Bau einrichten?«

Aber erst im 19. Jahrhundert gibt es eine erste experimentelle »Untersuchung über das Seelenleben des neugeborenen Menschen«. Der Erlanger Psychiater Adolf Kußmaul gab 1859 – im Jahr des Erscheinens von Darwins Werk über die Entstehung der Arten – in seiner akademischen Preisschrift das Ergebnis seiner Experimente bekannt. Auf ein Tröpfchen Zukkerwasser oder Chininlösung hatten die wenige Stunden alten Neugeborenen mit der deutlichen Mimik eines »süßen« beziehungsweise »bitteren« Gesichts geantwortet, am hingehaltenen Finger des Experimentators hatten sie gesaugt und auf grelle Lichtreize mit Abwehr reagiert. Es wäre also durchaus ein »erstes Seelenleben« da, konstatierte Professor Kußmaul – aber er hätte seine Ergebnisse zweifellos auch bei einigen neugeborenen Tierjungen erzielen können, wenn er es nur versucht hätte! Denn was er fand, gehört insgesamt noch in den Bereich normaler angeborener Reflexe, wie wir heute sagen würden.

Am Beginn unseres Jahrhunderts machen dann Sigmund Freud und nach ihm William Stern und Karl Bühler den ernsten Versuch einer wissenschaftlichen Säuglingspsychologie. In seinen »Drei Abhandlungen zur Sexualtheorie« erkennt Freud 1905 die notwendige psychische »Komplementäritätsbeziehung« in der Mutter-Kind-«Dyade« und entwickelt, davon ausgehend, seine Theorie der Libido und der erogenen Zonen: Im Zuge der Reifung des Säuglings werden nach Freud, stets in enger Verbindung mit der Mutter, zunächst die *orale*, dann die *anale* und schließlich die *genitale* Zone aktiviert. Dieser Entwurf stellt einen Kernpunkt der Psychoanalyse dar und gilt bis heute, zumindest innerhalb des freudianischen Systems, als gesichert. Dennoch ist er keineswegs aus systematischen Beobachtungen oder gar Experimenten an Säuglingen hervorgegangen, sondern bleibt eine der genialen – aber rein theoretischen – Leistungen Freudscher Interpretation.

Erst die Psychologinnen Charlotte Bühler und Hildegard Hetzer legten mit ihrem zu Beginn der dreißiger Jahre entwickelten »Wiener Test« die Grundlagen zu einer objektiven, vergleichenden Wissenschaft von der Entwicklung des Verhaltens des Säuglings im ersten Lebensjahr. Und der Freud-Schüler René Spitz wandte diesen Test – zunächst noch in Wien, dann in New York – konsequent als Maßstab einer psychologischen Säuglingsforschung an, die ihn zum Pionier einer Reihe von entscheidenden Beobachtungen auf diesem Gebiet machte. René Spitz wurde so gewissermaßen zum Kolumbus, der – ohne es selbst gleich zu fassen – den neuen Kontinent »Säugling« entdeckte und der wissenschaftlichen Einsicht zugänglich machte.

Die theoretisch längst erkannte Bedeutung der engen und ungestörten Mutter-Kind-Bindung wird von ihm in einer vergleichenden Untersuchung von Familienkindern und von der Mutter getrennten Heimkindern nun auch praktisch bewiesen: Ein intelligenzunabhängiger, erheblicher Entwicklungsrückstand läßt sich nun bei den ohne Mutter aufgewachsenen Kindern eindeutig nachweisen. Sie zeichnen sich zudem durch eine schwere psychische Störung aus, nämlich Kontaktverweigerung, Schlaflosigkeit und starren, traurigen Gesichtsausdruck – ein Syndrom der ablehnenden Verweigerung, das René Spitz (1945) als anaklitische Depression bezeichnete. Dauert die Trennung von der Mutter länger als fünf Monate, findet Spitz, so ist diese Depression meist nicht mehr heilbar, verschlechtert sich vielmehr bei dauerndem Entzug des »Liebesobjektes« (wie die Mutter hier heißt) und bei gänzlichem Ausbleiben »affektiver Zufuhr« (Nichtfreudianer würden hier einfach sagen: liebevoller Zuwendung) rapide und führt schließlich zum »Hospitalismus«, wie ihn der deutsche Kinderarzt Meinhard von Pfaundler schon 1915 beschrieben hatte. Dieser bedeutet den psychischen Entwicklungsrückstand bis zur Stufe des Schwachsinns, Verlangsamung der Motorik, krankhafte Abmagerung (Marasmus) und erhöhte Infektionsanfälligkeit, die sich in einer hohen Sterblichkeit ausdrückt.

Seit mehr als dreißig Jahren also wissen wir dies alles – aber wie wenig Konsequenzen haben wir bisher daraus gezogen! Im letzten Jahrzehnt haben schließlich auch bei uns Psychologen wie Annemarie Dührssen und Meierhofer und Keller auf den bedenklichen Zustand von Kindern in deutschen und Schweizer Säuglingsheimen, hat Christa Meves eindringlich, mahnend, beschwörend auf die gleichen Phänomene bei unzureichend versorgten Familienkindern hingewiesen. Adolf Portmann und René Spitz gelten längst als Klassiker für die Bedeutung des Erstjahres – von Sigmund Freud ganz zu schweigen. Sogar eine eigene »Erklärung der Rechte des Kindes« durch die UNO-Vollversammlung (20. 9. 1959) gibt es, in der es (im 6. Leitsatz) ausdrücklich heißt: »Im zarten Alter darf das Kind nicht von seiner Mutter getrennt werden.« Aber noch immer gibt es die allen diesen Einsichten entgegenstehende mächtige Ideologie der allein möglichen Selbstverwirklichung der Frau im Beruf, als deren Konsequenz eine ganze Generation von Säuglingen in Tagesstätten und mit anderen Ersatzbetreuungen heranwächst – mitten im Zeitalter demokratischer Chancengleichheit also mit enorm verringerten Chancen für eigene künftige Lebensqualität und Selbstverwirklichung. Wir stehen hier vielleicht vor dem schwerstwiegenden der Fälle, die uns in einem der folgenden Kapitel noch beschäftigen werden, nämlich vor dem Dilemma der Kultur und ihrer personalen Freiheit für den Einzelnen, die mit den Interessen anderer notwendig in Konflikt gerät. Säuglinge aber – das muß klar sein – sind einem solchen Konflikt nicht gewachsen und von Natur her nicht für ihn gerüstet. Sie können durch Mutterentbehrung im »extrauterinen Erstjahr« genauso geschädigt werden wie durch Drogen während der Schwangerschaft. Unsere Freiheit – nämlich der Raum der Kultur – hängt letztlich davon ab, daß wir bei denen, die erst in diesen Raum hineinwachsen sollen, das Gesetz der Natur respektieren, aus dem sie nur mit Hilfe der Mutter ausbrechen können. Sollte es da wirklich – angesichts eines wissenschaftlich klar erkannten Zusammenhangs – für die Frauen keine mögliche Form der Selbstverwirklichung mehr sein, wenigstens während des nachgeburtlichen Erstjahres ihres Kindes diese unersätzliche Aufgabe am zukünftigen

Glück des Kindes und am Fortbestand unserer Kultur zu übernehmen?

Doch folgen wir zunächst noch einmal der Forschung von René Spitz und anderen Pionieren, um dieses Erstjahr des Säuglings in seinen biologischen und psychologischen Etappen näher kennenzulernen und um zu begreifen, wieso alle seine Besonderheiten zur Voraussetzung für die menschliche Kulturfähigkeit werden.

Da sind vor allem die Augen. Weit offen hat sie schon der Neugeborene – einer der vielen Gründe, warum Portmann ihn einen nur »sekundären« Nesthocker nennt. Denn die echten Nesthocker – Katzen zum Beispiel – sind ja bei der Geburt noch blind. Auch der Mensch hat aber eine Phase, in der seine Augenlider fest geschlossen und miteinander verwachsen sind, doch sie liegt bei der Geburt schon weit zurück, denn sie fand im Mutterleib mitten in der Schwangerschaft statt. Eine geheimnisvolle Sache – und wohl ein Hinweis darauf, daß es irgendwann in der Vorgeschichte des Menschen einmal eine Zeit gegeben haben muß, wo unsere Vorfahren noch als echte Nesthocker geboren wurden.

Weit offen aber, wie gesagt, sind sie bei uns – und übrigens bei der Geburt immer blau! Der alte Menschenverächter Schopenhauer war einst sehr stolz auf die Entdeckung, daß braune Augen überhaupt nur bei Haustieren vorkommen, alle Wildformen aber stets blaue Augen haben. Als Wildform also werden in diesem Sinne auch wir geboren, und die »Domestikation«, aus der wir dann eventuell mit braunen Augen hervorgehen, findet erst in den Wochen nach der Geburt statt.

Kann aber die frisch geborene »Wildform« Säugling überhaupt schon etwas sehen? Die Meinungen der Philosophen gingen über diese Frage weit auseinander, auch Herr Kußmaul war sich hier nicht recht klar. René Spitz konnte jedoch feststellen, daß ein Folgen mit dem Blick erst nach etwa vier Wochen auftritt. Diese Frist hat seitdem als wissenschaftlich erwiesen gegolten, doch stellte sich vor kurzem heraus, daß sie falsch ist – und daß die Hebammen und stolzen Mütter recht haben, die schon immer behaupteten, daß schon nach acht Tagen beim Kind ein Folgen mit dem Blick zu beobachten sei.

Als man jetzt diese Versuche mit einwöchigen Säuglingen wiederholte, die man dabei im Arm der Mutter beließ – also in ihrer natürlichen Geborgenheit –, konnte man ihnen diese und andere bisher verborgene Fähigkeiten tatsächlich bestätigen. Man kann nun vielleicht auch besser verstehen, warum in unserer Zeit so manche entscheidende Entdeckung der Verhaltensforschung nicht von theoriebesessenen Männern, sondern von still und ohne störende Eingriffe beobachtenden Frauen ausging. Was Jane Goodall-Lawick in freier Wildbahn geduldig beobachtend an Schimpansen beschrieb und was Charlotte Bühler und Christa Meves bei Müttern und Säuglingen beobachtend und in geduldiger Anamnese entdeckten, gehört zu diesen Pioniertaten.

Was sieht nun aber der Säugling wirklich? Es ist – nach einer ersten diffusen Stufe der Einregulierung des optischen Sinnes – schon vom zweiten Lebensmonat ab (Charlotte Bühler nannte es das »Schaualter«) ganz offensichtlich das menschliche Gesicht, das die Aufmerksamkeit des Säuglings fesselt – ja, auf das er mit einer angeborenen Erwartungshaltung reagiert. Auch beim Stillen ist es das Gesicht der Mutter, das der Säugling betrachtet – das Gesicht und nicht etwa die Brust, wie René Spitz mit einem leichten Unterton männlicher Verwunderung feststellt: »Es sieht die Brust nicht an, wenn die Mutter sich ihm nähert, es sieht ihr Gesicht an; es blickt weiter auf ihr Gesicht, während es die Brustwarze im Mund hat und die Brust anfaßt. Von dem Augenblick an, in dem die Mutter das Zimmer betritt, starrt es das Gesicht der Mutter an.«

Vom dritten Monat an beginnt der Säugling dann, auf menschliche Gesichter auch durch Mimik zu reagieren: er lächelte. Ob Weiße, ob Farbige oder Indianerkinder – sie alle lächeln vom dritten Monat an »als Reaktion auf den Anblick des Gesichts irgendeiner Person, bekannt oder fremd, unabhängig von Geschlecht oder Hautfarbe« (Spitz 1946). In Atrappenversuchen konnte René Spitz sogar zeigen, daß es nicht einmal ein vollständiges Gesicht zu sein braucht – der Mund darf fehlen, es müssen nur Augen, Nase und eine Stirnpartie deutlich sein. Als wir in einem früheren Kapitel vom »mundlosen Menschen« in frühen Steinzeitzeichnungen sprachen, erwähnten wir dieses mundlose Stadium des kindlichen Erkennungsvermögens oder besser: seinen angeborenen Auslösemechanismus für Lächeln bereits.

Was bedeutet dies alles? Für den Freudianer René Spitz ist es vor allem das Anzeichen dafür, daß nun auf die objektlose Stufe der Erstwoche eine Entwicklungsstufe der ersten Erfassung eines »Objekt-Vorläufers« folgt, in der sich der beim Säugling vorher nicht vorhandene oder jedenfalls nicht nachweisbare »Ich-Kern« des Kindes verfestigt.

Es geschieht aber in diesem angestrengten kindlichen Blickkontakt des Säuglings mit seiner Mutter noch viel mehr und sehr Entscheidendes, auf das erstmals Christa Meves in aller Deutlichkeit aufmerksam machte: Der Säugling nimmt in einem der von Konrad Lorenz entdeckten Nachfolgeprägung ähnlichen ersten Lernprozeß das einmalige, unverwechselbare Gesicht seiner Mutter – bzw. ersten Bezugsperson – in sein Gedächtnis auf, erkennt also seine Mutter und erlebt von da ab die Ich-Du-Beziehung mit ihr nicht nur physisch, sondern auch psychisch-geistig als einen mit den Augen »begreifbar« gewordenen Zustand der Beglückung – das Wiedererkennen wird zum ersten lustvollen seelischen Erlebnis.

Halten wir also fest, in der ersten intellektuellen Leistung des Erkennens der Mutter – in der bewußt gewordenen extrauterinen Einbergung – liegt der eigentliche Kern dessen, was das Kleinkind zu allen späteren sozialen Beziehungen befähigt. In dieser ersten geistig greifbar gewordenen, lustvollen Ich-Du-Gemeinschaft liegt die Wurzel aller späteren Bindungsfähigkeit und auch der Möglichkeit, aus solcher Wir-Gemeinschaft herauszutreten, wie es ja die späteren Stadien der Kulturentwicklung erfordern. Wir werden in dem nächsten Kapitel noch ausführlich über diese Bindungsfähigkeit zu sprechen haben und ihre Bedeutung für die Kulturbiologie untersuchen.

Doch wenden wir uns noch einer anderen kindlichen Leistung zu, bei deren Behandlung wir René Spitz noch einmal die Ehre zu erweisen haben: es ist die Sprache. Daß der Säugling zunächst nur zum »vorbabylonischen Lallen« in der Lage ist, haben wir schon in einem früheren Abschnitt im Hinblick auf die Sprachentwicklung überhaupt erwähnt. Nochmals sei hier darauf hingewiesen, was die anatomischen Untersuchungen von Philipp Liebermann an Neandertaler-Schädeln erbrachten. Er fand dort einen Zustand, der auch den Säugling (und übrigens zeitlebens auch alle Menschenaffen) auszeichnet: Der Kehlkopf-Deckel liegt eng an der Gaumenpartie – ein Artikulieren von Vokalen ist daher aus Mangel an Resonanzboden nur ganz unvollkommen möglich. Im Erstjahr des Menschenkindes – genauer in den ersten acht Monaten – steigt dann der Kehlkopf in einem allmählichen Wachstumsprozeß ein Stück weit in die Halsgegend ab, so daß nun erst der zum Sprechen notwendige Resonanzraum entsteht.

Es ist also kein Mangel an »Genie«, wenn Kleinstkinder noch nicht sprechen können, sondern es ist eine weitere, höchst bemerkenswerte Sonderheit des Menschen, daß sie die Sprache am Ende des Erstjahres als Mittel der Verständigung erwerben können. Am Ende der zweiten, extra-uterinen Schwangerschaftsperiode also übernimmt das Kind als wesentlichste aller Kulturtechniken von seiner Mutter die Sprache – eben die »Muttersprache«, deren jeweiligen Entwicklungsstand das Kind gewissermaßen als »Seiteneinsteiger« übernehmen und so den Prozeß der Sprachevolution selbst weiter treiben kann.

Und so ist es mit aller kulturellen Evolution: Eben weil das Neugeborene sie noch nicht besitzt, sondern in ihrem jeweiligen Zustand übernimmt, kann es eine Weiterentwicklung geben. Die Starre des angeborenen Verhaltensinventars würde eine Entwicklung in jeder neuen Generation auf den Ausgangspunkt zurückwerfen – die Offenheit der Übernahme des Jeweiligen aber macht Weiterentwicklung möglich. Biologisch ist das gewissermaßen die Quadratur des Kreises, das Möglichwerden des Unmöglichen, nämlich die »Vererbung« des Erworbenen. Darum meinte Konrad Lorenz ganz richtig: »Der Mensch ist das Lebewesen, das die Vererbung erworbener Eigenschaften erfunden hat.«

In der Sprachentwicklung selbst zeigt sich aber noch ein weiterer wichtiger Faktor jeder möglichen Kulturevolution. Denn das erste entscheidende Wort, das dem Kind gegen Ende des Erstjahres begegnet und als Trübung der bisher so sorglos-paradiesischen Mutter-Kind-Einheit einen psychologischen

Schritt nach vorne, in die Menschenwelt hinein, bedeutet, heißt »Nein«. Wieder war es René Spitz (1957), der – in Fortführung der Abhandlung von Sigmund Freud über die »Verneinung« (1925) – hier einen entscheidenden Tatbestand aufdeckte: »Die Beherrschung des Nein (in Gebärde und Wort) ist eine Errungenschaft mit weitreichenden Folgen für die geistige und evolutionelle Entwicklung des Kindes; sie setzt voraus, daß es die erste Urteils- und Verneinungsfähigkeit erworben hat.«

Wir wissen aus den vorangehenden Überlegungen unserer Kulturbiologie, daß diese Verneinungsfähigkeit nicht nur für die kindliche Entwicklung entscheidend ist. Die Fähigkeit zur asketischen Enthaltung, so hatten wir gesehen, ist überhaupt die Grundlage der Entwicklung von Gruppen- und später auch von Einzelnormen. Das kulturstiftende »Nein« also – auch dies ist am Ende des Erstjahres erworbene, von der bergenden Sozialhülle übernommene Kulturtechnik des Kindes. Es ist – um es in der Sprache der Bewußtseinsstufen auszudrücken, die uns im vorigen Kapitel beschäftigten – die erste magische Form des gestaltend in die Außenwelt Einwirkens.

Daß dies alles vom Kind zunächst an der Mutter – also am »Außenwelt-Ich« oder »Hilfs-Ich« des Kindes, wie René Spitz es nannte – erprobt und erfahren wird, sei uns ein letzter Hinweis darauf, daß das Erstjahr des Kindes seine Eingangsstufe zur Kultur darstellt. Nur wenn unsere moderne Pädagogik den ganzen Ernst dieser Situation voll erfaßt, nur wenn die frühkindliche Verschränkung von Ererbtem und Erworbenem als Chance und Risiko der Menschwerdung und Kulturentwicklung uns zu sorgfältigster Beachtung der biologischen Gesetze des Erstjahres führt, haben wir Aussicht auf eine Zukunft, in der die dem Menschen aufgetragene Entwicklung auf dem Wege aus dem Gesetz in die Freiheit weitergeht. In diesem Sinne wollen wir im nächsten Kapitel den Entwicklungsweg des Kindes weiterverfolgen.

8 Das Kind als Natur- und Kulturwesen

Bis zum Ende seines »Erstjahres« – so hatten wir im vorigen Kapitel erkannt – ist das Kind eigentlich noch gar nicht wirklich geboren, noch nicht in die Welt entlassen, um selbständig als Natur- und als Kulturwesen an ihr teilzunehmen. In diesem Kapitel soll uns dieser Prozeß des kindlichen Hineinwachsens in die Welt beschäftigen, denn es gilt zu erkennen, wie die großen und entscheidenden Etappen der Entfaltung der menschlichen Antriebsbereiche für diese Welt tüchtig machen, wie aber zugleich in jedem von ihnen ganz spezifische Risiken der mißlungenen Weltbeziehung bereitliegen, die als Verhaltensstörungen – in unserer Zeit deutlicher als jemals vorher – den Einzelnen an seiner Mitwirkung bei der Kulturentwicklung und auch an seiner eigenen Verwirklichung behindern können.

Wir erinnern uns an die »Windrose« der vier Antriebsbereiche, die uns in früheren Kapiteln bei der Betrachtung der Kulturentwicklung von der Gruppe zum Einzelnen das Gerüst lieferte, um das Gebäude der Kulturbiologie aufzurichten (siehe Kapitel 2 und 3). Diese vier Antriebsbereiche verdanken wir, wie schon erwähnt, der klaren Systematik und dem anthropologischen Konzept von Christa Meves. Wir haben daher nun im wesentlichen die Ergebnisse zu referieren, die sie selbst bei ihrer Beobachtung von Kleinkindern und Säuglingen sowie bei ihrer darauf aufbauenden Deutung der Antriebsschicksale in zahlreichen Veröffentlichungen vorgelegt hat. Dies soll im Folgenden in der Reihenfolge geschehen, in der sie gesetzmäßig nacheinander in der kindlichen Entwicklung auftreten, wobei wir dann jeweils neben dem normalen den gestörten Ablauf und seine Folgen für die Charakterbildung und Kulturfähigkeit des Einzelnen kennenlernen.

1. Der Nahrungstrieb, der nicht nur zum Sattwerden drängt, sondern auch die instinktive Ausstattung mit Saug-, Schluck- und Klammerreflexen umfaßt, wird vom Säugling bei der Geburt voll funktionsfähig mit auf die Welt gebracht. Oder sagen wir es unter dem Eindruck der Portmannschen »Erst-

jahr«-Entdeckung: für die zweite, extra-uterine Periode der Schwangerschaft schaltet der Neugeborene auf ein ererbtes System des aktiven Nahrungserwerbs um, bei dem er zusammen mit seiner Mutter im Akt des »Stillens« ein aufeinander bezogenes Dyaden-System wechselseitiger Instinkt-Verschränkung bildet. Zeitlich, in der Menge und auch in der Qualität der Muttermilch entsteht ein nach Angebot und Nachfrage reguliertes kybernetisches System – ganz anders zwar, aber seiner Natur nach nicht weniger abgesichert und funktionsbereit wie die vorangehende Form der passiven Nahrungsübernahme durch die Plazenta und die Nabelschnur. In der Mutterbrust wird alles bereitgestellt, was der Säugling, jeweils seinem Alter entsprechend, an Nahrung benötigt, und er selbst ist in der Lage, sich diese Nahrung zu ersaugen – darüber hinaus aber auch, durch ein Signal die Bedürftigkeit nach Nahrung jeweils mitzuteilen.

Wir kennen dieses Signal alle – es ist das Schreien, aus dem, wenn ihm nicht unmittelbar Folge geleistet wird, in der Tat »nicht Jammer, sondern Entrüstung und Zorn« herauszuhören sind, wie schon Kant so richtig bemerkte. Daß dieses Schreien im gleichen Moment »gestillt« werden kann, indem sich die Mutter-Kind-Dyade zur funktionellen Einheit schließt, ist die Hauptbedingung für die paradiesische Geborgenheit der wunschlosen Ungeschiedenheit – für das »Nirvana«-Prinzip diesseits von Lust und Unlust, wie Sigmund Freud es bezeichnete –, für die nulldimensionale Ruhelage des archaischen Bewußtseins, wie wir es mit Jean Gebser nennen können. Freilich ist die volle Stillung, der vollkommene Säuglingsfrieden des »Ruhens in der Ordnung« erst erreicht, wenn nicht nur der Magen gefüllt, sondern auch die Saugmuskulatur des Säuglings durch angestrengte Tätigkeit ermüdet und dazu das ganze Sein durch die Wärme – das Symbol spürbarer Gegenwart der Mutter – und angenehmes, nicht zu grelles Licht bergend umhüllt ist.

Das alles war noch vor wenigen Jahrzehnten selbstverständlicher Alltag jedes Säuglings, denn anders als im Arm und an der Brust der Mutter oder Amme konnte er eben überhaupt nicht heranwachsen. Für uns aber ist heute die Kenntnis dieser Zusammenhänge – weil sie nicht mehr selbstverständlich sind –

von größter Bedeutung geworden, ja die Mißachtung dieser naturgesetzlichen Anfangsbedingungen des Säuglingslebens bedrohen letztlich unser aller Zukunft. Denn wir haben mit Hilfe der Technik und mit einer veränderten Grundeinstellung die Möglichkeit entdeckt, Säuglinge auch anders, als von den Naturgesetzen vorgesehen, heranzuziehen. Wir haben entdeckt, daß aus Trockenpräparaten angerührte, verdünnte Kuhmilch in Flaschen mit Gummisaugern dem Säugling statt der Mutterbrust geboten werden kann und daß er – was bleibt ihm anders übrig, um nicht zu verhungern – dieses Ersatzmittel annimmt. Und wir haben entdeckt, daß man ihn auch akustisch nicht unbedingt zu »stillen« braucht – man kann ihn ruhig schreien lassen! Er stirbt nicht daran – schnell entsteht sogar ein modernes Märchen mit durchsichtiger Entlastungsfunktion: Er schreit sich eine »gesunde Lunge« an, heißt es da, er macht einen Spaziergang mit den Stimmbändern und wird dadurch gesund und kräftig. (Bei ihm allein also unter allen Lebewesen wäre der Schrei kein Notsignal, sondern eine normale Lebensäußerung?)

Wie bedenklich diese Praktiken sind, das wird nun allerdings allmählich klar: Kuhmilch ist eine wunderbare Nahrung für Kälber, aber der Mensch ist kein Rindvieh, auch als Säugling nicht! So enthält die Kuhmilch siebenmal mehr Kasein als die Muttermilch und führt daher beim Säugling leicht zu Allergien. Andererseits enthält die Muttermilch zum Beispiel die Aminosäure Taurin, die der Kuhmilch ganz fehlt und die der Säugling für die Ausbildung seines Gehirns benötigt. Schließlich enthält Muttermilch eine Fülle von Abwehrstoffen, die den Säugling vor Krankheiten schützen. Kurzum: Flaschenkinder erkranken dreimal häufiger als Brustkinder – eine neue Untersuchung an 1000 englischen Schulkindern zeigte sogar, daß auch die geistige Leistung von Flaschenkindern deutlich meßbar niedriger war als die der Brustkinder.

Vor allem aber das »Ablegen« und Schreienlassen ist bedenklich! Christa Meves führt – zunächst fast allein – in unserem Lande seit zehn Jahren einen Aufklärungsfeldzug gegen diese Schädigung der Neugeborenen durch eine leichtfertige Ideologie des »Ach, das macht doch nichts!« der Hebammen und Gynäkologen, und von ihnen ermuntert auch der Mütter selbst. Trennung von der Mutter – wir sagten es schon – ist im Erstjahr des Säuglings ein schwerer seelischer Eingriff, eine »Beraubung« (maternal deprivation, wie Bowlby es 1952 nannte), die Angst und Existenznot an die Stelle paradiesischer Geborgenheit setzt.

Diese Geborgenheit ist also nicht einfach nur ein angenehmer Zustand, auf den man notfalls auch verzichten könnte, sondern in ihr – und nur in ihr! – bildet sich das »Urvertrauen«, wie man es mit Erik Erikson (1961) nennt. Tief im archaischen Bewußtsein verankert sich da die Gewißheit: »Wenn ich in Not bin, ist jemand da, sie zu lindern; ich bekomme alles, was ich brauche – ich bin geborgen, ich werde geliebt!« Allein aus solcher Urerfahrung wächst ein Kind seelisch gesund, vertrauensvoll anpackend, in die Welt hinein – allein so konnte es bis vor wenigen Jahrhunderten überhaupt großwerden. Als selbstverständliche Mitgift solcher Kindheit floß dieses Urvertrauen daher als frischer Impuls in jeder neuen Generation neu in die Kultur der Gruppe und in den Aufbruch des Einzelnen.

Und nun verstehen wir auch die ungeheure Gefahr, die von dem Ausbleiben solcher Urerfahrung droht, wenn sich nämlich statt ihrer ein »Ur-Mißtrauen« als erste Erfahrung des Kindes mit der Welt einstellt nach dem Motto: »Wenn ich in Not bin, ist niemand da, sie zu lindern – ich bekomme nicht, was ich brauche, ich bin ungeschützt und gefährdet, niemand liebt mich!« Wie ein düsterer Schleier kann sich – unter dem Eindruck der »Mutter-Beraubung« – eine solche depressive Grundhaltung über das ganze Leben eines Menschen legen, auch wenn die Mutter gar nicht wirklich fehlte, sondern nur für Stunden im Nebenzimmer blieb und den Nahrungstrieb des schreienden Säuglings »frustrierte«. Hat sie aber in diesen entscheidenden Monaten wirklich ganz gefehlt, dann wird aus dem trüben Schleier der Depression viel mehr, viel Schwereres. Wir hatten es im vorigen Abschnitt als »Hospitalismus« bereits kennengelernt, wollen es hier aber speziell unter den Gesichtspunkt der Psychopathologie nochmals genauer betrachten.

Das dringende Bedürfnis der Sättigung des Nahrungstriebs

führt im Fall der Frustration durch Mutterferne zu Ersatzhandlungen und Stereotypien, vor allem aber zu einer Fixierung an die orale Stufe, die weit über die Säuglingszeit hin auch noch das Erwachsenenalter bestimmt. »Die chronisch gewordene Antriebsspannung verfestigt sich auf diese Weise zu einem Charakter, der zwischen Resignation und Gier schwankt«, sagt Christa Meves (1971). Sie hat diese auf der kindlichen Frustrierung des Nahrungstriebes gründende Charakterstruktur, die man in der neofreudianischen Schultz-Hencke-Schule die »depressive« nannte, später (1975) als den Hingabetyp gekennzeichnet: »Es mangelt ihm häufig an durchhaltender Initiative. Sein immer wiederholter unbewußter Selbstheilungsversuch, sich von dieser Not zu befreien, besteht darin, durch gieriges Zugreifen, durch hektische Jagd, oft auch durch übertriebene Hilfswilligkeit die dumpf lauernde Vorstellung, nicht genug zu bekommen, zu überwinden . . . Aus Angst vor dem Verlust irgendeiner ›nahrhaften‹ Quelle, zu der sie auch ihre Bezugspersonen zählen, sind diese Menschen meist von besonders weicher Gefügigkeit, Nachgiebigkeit, Verzichts- und Opferbereitschaft.«

Wir sehen also, daß eine Gruppe von Eigenschaften, die den »talentierten Mitläufer« kennzeichnen, durch einen Fehler in der Säuglingsbehandlung mitten in unserer späten Kulturepoche heute gehäuft auftreten kann. Wären wir noch im frühen Gesellschaftsstadium der absoluten Gruppennorm, so wäre das wahrscheinlich nicht erheblich – es würde dieses Stadium vielmehr mit Sicherheit konsolidieren. Fest um den Schamanen geschart (»Führer befiel, wir folgen!«), opferwillig auf Askese bedacht und zugleich ständig auf den kleinen, eigenen Vorteil, im übrigen aber auf Anerkennung durch den »Kumpel« angewiesen und daher ein eifriger Normerfüller, ist der Hingabetyp für unsere jetzige Kulturform, die den einzelnen und seine Durchhaltefähigkeit als »Ich« benötigt, eher ein Hindernis und führt ihn selbst daher im Teufelskreis zu immer neuer Frustration und Depression.

Dies soll aber nicht falsch verstanden werden: nicht die Fähigkeit zu selbstloser Hingabe ist hinderlich für die Kulturentwicklung, im Gegenteil, echte, kraftvolle Selbstlosigkeit ist eine ihrer Hauptquellen. Aber ein Übermaß an verzagten, aus Mutlosigkeit Ich-Schwachen und »zwischen Resignation und Gier schwankenden« Selbstsüchtigen muß sich als schwere Belastung auf jede Kulturepoche auswirken. Drogenmißbrauch und Alkoholismus sind dafür in unserer Zeit ein alarmierendes Zeichen.

2. Der Bindungstrieb drängt nach personalem Kontakt, sein Triebziel ist zunächst die kindliche »Nachfolgeprägung« und der damit verbundene Schutz, später jede Art der Ich-Du-Beziehung sowie der sozialen Einbergung in bestehende Gruppen und Hierarchien.

Wir hatten bereits im vorigen Kapitel die entsprechenden Instinkthandlungen des Säuglings kennengelernt: der Blickkontakt mit der Mutter, der im Schaualter (3. bis 6. Lebensmonat) einsetzt, und das Lächeln, als bindungssuchendes »Werbeverhalten«. Als aktiver Beitrag des Säuglings zur personalen, unauswechselbaren Struktur der Dyade, der von der Mutter und ihm gebildeten »Masse zu zweit« (Freud), bindet sich das Kind in einem prägungsähnlichen Vorgang an seine »Bezugsperson«. Doch ist die Antriebsfunktion in diesem Geschehen vielseitig und hat mehrere Komponenten: »das Intendieren, Erkennen und Unterscheiden einerseits, das Nachahmen, Sichbinden und Identifizieren andererseits« (Christa Meves 1975). Hier, wo es personal wird, festigt sich das Urvertrauen zur konkreten Form des vertrauenschenkenden Gegenübers, des einen »Du«, das damit zum Maßstab für alle späteren Du-Erfahrungen wird.

In der heute so üblichen Mutterferne, deren tragische Wirkung auf die Bedürfnisbefriedigung des Nahrungstriebes wir ja bereits behandelt haben, wird nun mit dem Einsetzen des Bindungstriebes eine noch viel tiefere Frustration und »Beraubung« erlitten: Nicht nur »*es* fehlt etwas, was doch dasein müßte«, sondern »*sie* fehlt, die doch dasein müßte« – eine vielfach gesteigerte Not also! Angst vor dem Alleingelassenwerden überlagert damit die Angst, nicht satt zu werden; beide summieren sich zum intensiven Notsignal des Schreiens, und beide führen – wenn alles Schreien vergeblich bleibt – zur um so tieferen Resignation, bis hin zum Totstell-Reflex des Tiefschlafes, der so häufig die Ursache für ein zählebiges Leiden im Kindesalter, das Bettnässen, ist.

Chronisch gewordene Antriebsspannung aber, das gilt auch in diesem Bereich, führt zur lebenslänglichen Fixierung an den ungesättigten Instinkt: die »intentionale« Frustrierung des Säuglings, das bohrende, nie richtig gestillte Verlangen nach dem verläßlichen Gegenüber als erstem sozialen Partner führt zum mißtrauischen (»schizoiden»), dann im plötzlichen Triebdurchbruch auch wieder taktlos drängenden und klammernden Charakterzug des Einsiedlertyps, wie Christa Meves ihn nennt: »Der kontaktscheue Einsiedler vermeidet es, seine Gefühle zu zeigen, ja sie überhaupt zu haben. Er wirkt wie ein Fremdling in dieser Welt. Meist ist er unpraktisch, oft linkisch.«

Schwer fällt einem solchen Einsiedler das »Wir«, das doch vor dem Ich kommen müßte, wenn dieses Ich eine kraftvolle und belastungsfähige Basis haben soll. Wie schwer fällt ihm aber erst der Verzicht, das Zurücknehmen des eigenen Anspruches für andere – das echte, bejahende, liebende »Du«, das ihn doch allein aus dem Gefängnis seines starren, unreifen Ichs erlösen könnte! Die letzte Stufe integralen Bewußtseins schließlich, in der der einzelne sich freiwillig, aus Liebe, zurückbindet an die Gemeinschaft, der er entwachsen ist, wird dem Einsiedlertyp unendlich schwer fallen – denn woher soll er als Erwachsener das Vertrauen nehmen, das er als Kind in seiner Enttäuschung an der fehlenden Mutter nicht in ausreichendem Maß erwerben konnte?

Noch tragischer ist der Verlauf bei völlig unabgesättigtem Bindungstrieb – wenn nämlich dem Blickkontakt und dem Lächeln kein konstantes »Du« gegenübersteht, weil es fehlt oder durch wechselnde Bezugspersonen eines Säuglingsheims ersetzt wird. »Es gibt für mich kein Du«, ist dann die schmerzliche Erfahrung in diesem Triebbereich; sie wird durch intensives Suchen nach dem vielleicht doch noch auffindbaren Du kompensiert, bis sie in tiefer Resignation erlahmt und sich in ganz bestimmten Verhaltensstörungen des Hospitalismus auswirkt.

Die Unfähigkeit zu sozialen Bindungen, zu Freundschaft und Liebe, dazu die Neigung zu Betrug, Diebstahl und Herumstreunen sowie schwere Mängel in der Konzentrationsfähigkeit – das alles hatte schon 1941 der Amerikaner L. Bender als Syndrom »psychopathologischer Verhaltensstörung« bei Heimkindern beschrieben. John Bowlby, Beauftrager der Weltgesundheitsorganisation der UNO für die Begutachtung der Situation von Heimkindern, bezeichnete diese Störung, die als Folge früher Muttertrennung bei Kindern auftritt, als »Gemütslosigkeit«. Aber erst Christa Meves hat dann differenzierend herausgestellt, daß die »neurotische Verwahrlosung«, wie die Schultz-Hencke-Schule diese Verhaltensstörung nennt, nicht allein durch Deprivation des Säuglings hervorgerufen wird, sondern daß hinter ihr sowohl Schädigungen im Bereich des Bindungstriebes wie des Nahrungstriebes stehen. Sie zählt für diese moderne »Volksseuche« folgende Symptome auf: Ordnungsfeindlichkeit, illusionäre Riesenansprüche (aus der Gestimmtheit des Zukurzgekommenseins heraus), tiefgreifende Passivität, Unvermögen zu gefühlsmäßiger Bindung, Verkümmerung des Gewissens, unbestimmte Gefühle fundamentaler Enttäuschung und Resignation, Anfälligkeit für betäubende Süchte und Neigung zu gewalttätigen, undifferenzierten »Racheakten«. Wie richtig diese Diagnose ist, vor allem aber, wie recht Christa Meves mit ihrer bereits vor einem Jahrzehnt ausgesprochenen Warnung vor der bevorstehenden Eskalation der Gewalt und Ordnungsfeindlichkeit in unserer Gesellschaft hatte, wird leider durch die Tagesereignisse nur allzu eindringlich demonstriert.

Wir haben aber für unsere Biologie der Kultur darüber hinaus vor allem dies zu lernen: der erschütternde Negativ-Katalog der Ausfallerscheinungen in der neurotischen Verwahrlosung zeigt uns, welche positiven Eigenschaften umgekehrt in einer intakten Mutter-Kind-Beziehung während des Erstjahres im Bereich des normalen und naturgesetzlich abgesättigten Nahrungs- und Bindungstriebs ausgebildet werden. Wir brauchen die psychopathologische Symptomreihe nur in ihr Gegenteil zu übersetzen, um zu diesem Positiv-Katalog zu gelangen. Er enthält dann: Bejahung der Ordnung, Maß in eigenen Ansprüchen, Aktivität und »Mut, sich in die Welt zu wagen«, Fähigkeit zu gefühlsmäßiger Bindung, Entfaltung des

Gewissens, Standhaftigkeit gegenüber der Verführung zu Süchten und kraftvolle Frustrationstoleranz!

Wie notwendig sind alle diese Eigenschaften für den Kulturträger und Geisttäter! Wenn sie der Mensch in seinem Erstjahr als Naturwesen entwickeln konnte – und dazu ist allein die ungestörte Mutter-Kind-Dyade geeignet –, dann wird er sie später einbringen in seine Gesellschaft. Voll Vertrauen wird er zunächst ihre Normen als richtig empfinden und übernehmen, wie er die Worte der Muttersprache übernimmt und spricht. Voll Mut und Aktivität wird er sich aber auch aus der Bergung in der Gruppe heraus und in seinen Auftrag der Ich-Findung hineinbegeben, wenn die Urerfahrung seiner Kindheit ihm sagt, daß er geliebt wird, daß sein Ich kostbar und wichtig ist. Daher wird er auch die Gefahrenzone der Sonderung zum Ich, sein Gegenüber-Sein zur Gruppe, mit Standhaftigkeit durchstehen und Schwierigkeiten ertragen können, weil der Anspruch des Gewissens und der Vorrat an Optimismus, die ihm beide im gesund verbrachten Erstjahr zuwuchsen, ihn dazu befähigen. So werden seine Bindungsfähigkeit und sein Vertrauen ihn fähig machen zur Religion, zur demütigen Einsicht seiner »schlechthinnigen Abhängigkeit« und Gebundenheit in aller Freiheit; und aus dem Bedürfnis, dankbar zu sein, wird schließlich die Liebe erwachsen zum Göttlichen, das größer ist als er und dem er seine eigene Größe verdankt.

So sei es, wenn wir nun die Betrachtung des Erstjahres abschließen, nochmals in aller Eindringlichkeit festgestellt: Es ist die Eingangsstufe, ja die Voraussetzung späterer, kraftvoller Kulturbildung, es ist der Zeitraum, in dem aus dem Naturwesen Mensch das Kulturwesen wird, in dem die Ebene des Naturgesetzes zur breiten Plattform wird, von der aus sich der Aufstieg in die Freiheit vollziehen kann. Stören wir diese Basis durch Mutterferne und technisierte Ersatzbetreuung mit allen ihren voraussehbaren Schäden, so bringen wir heute – mitten im Zenit technischer Zivilisation – den Prozeß der Kulturevolution zum Stillstand und gefährden alles, was sich in Jahrtausenden an zunehmend Unwahrscheinlichem im geistigen Raum ereignete. Es werden dann schließlich wieder die wahrscheinlicheren Zustände eintreten, und das sind die ohne Freiheit – die ganz im Naturgesetz gelegenen.

Doch wollen wir nun – jenseits des Erstjahres – die weiteren Schritte der Entwicklung des Kindes vom Natur- zum Kulturwesen, sein »Triebschicksal« in den beiden weiteren Antriebsbereichen betrachten.

3. Der Selbstbehauptungstrieb (den man meist allzu einseitig als Aggressionstrieb bezeichnet) tritt im kindlichen Trotz des zweiten Lebensjahres als instinktiver Gegenspieler des Bindungstriebes auf, drängt nach Ablösung von der Bezugsperson und im weiteren Verlauf nach Selbstentfaltung, Selbständigkeit, Erwerb und Verteidigung eines eigenen materiellen und geistigen Territoriums. Wir könnten auch sagen: es ist der »Ich-Trieb«, wobei nicht an den Egoismus gedacht ist, der nur seine Entartung darstellt, sondern an die gesunde Entfaltung des Ichs gegenüber den äußeren und inneren Widerständen.

Was aber ist die »normale« Antwort, die das Kind erfährt innerhalb der Dyade, die es nun aufzubrechen anhebt, innerhalb der Familie, in der nun auch die väterliche Autorität und die Rivalität der Geschwister auf den Plan treten und in der es mit dem instinktiven Drang zur Selbstbehauptung nach einer eigenen Stellung strebt?

Bei den höheren Tieren ist die Antwort auf diese Frage leicht: Der Selbstbehauptungstrieb, der auch dort in vergleichbarer Weise im Jungtier auftritt, drängt innerhalb der Hierarchie nach der Stellung, die der eigenen Körperstärke entspricht. Kampf ums Dasein, Feststellung der Hackordnung, Einfügen in die eindimensionale Rangfolge der Stärke – dies wird zuverlässig erreicht, wenn der »Trotz« des Jungtieres, die Herausforderung der Ranghöheren, auf den Selbstbehauptungstrieb und die Territoriumsgrenzen der anderen trifft und sich zwischen ihnen allen das angemessene Kräftegleichgewicht herstellt.

Hier aber tritt der ganze Unterschied zwischen Naturwesen Tier und Kulturwesen Mensch zutage: Es gilt bei uns nicht nur die eine Dimension der Körperstärke – weder in der Familie noch in der kulturellen Gruppe –, sondern es gelten viele

Dimensionen – ja, das Ich strebt letztlich nach seiner Entfaltung in einem mit Dimensionen nicht zu erfassenden Raum der Einmaligkeit. Daher ist *die* natürliche, *die* »normale« Antwort auf den Selbstbehauptungstrieb des Kindes im Raum der Kultur so wenig zu finden wie *der* Weg zum Ich. Das Erstjahr ist vorbei, das Kind nun »wirklich« geboren – das heißt, es ist nun ausgesetzt dem jeweiligen Zustand der Kultur, in die es hineingeboren wurde; die Gruppe und ihre Kultur sind nun sein Schicksal.

Die Amerikanerin Margret Mead und viele andere Völkerkundler haben in vergleichenden Untersuchungen festgestellt, wie außerordentlich unterschiedlich der Umgang mit kindlichem Trotz in den einzelnen Kulturen ist. Da gibt es Völker, in denen mütterliches Gewährenlassen – meist auch mehrjähriges Stillen – dem Kleinkind für seine Selbstbehauptung ein zeitlich verlängertes matriarchalisches »Paradies« beschert, da gibt es aber bei anderen Völkern väterliche Strenge und patriarchalisch-brutales Brechen kindlichen Widerstands, meist verbunden mit abruptem, verhältnismäßig frühem Abstillen. Zwischen beiden Extremen finden sich viele variantenreiche Übergänge. Was ist normal?

Wir müssen diese Frage überall im Bereich der Kultur zurückweisen und durch eine bessere ersetzen: Welche Erziehungsmethode – denn um Erziehung zum Umgang mit sich und anderen handelt es sich – ist angemessen für die Erhaltung einer Kultur, und welche darüber hinaus sogar geeignet, die Kulturentwicklung der betreffenden Gruppe weiterzuführen?

Wenn wir so fragen, lassen sich Antworten finden. Wir sehen dann einerseits, daß völliges Gewährenlassen der Kinder, wie es vor allem viele sogenannte »primitive« Kulturen kennzeichnet, offenbar der kulturellen Selbstentfaltung der Gruppe insgesamt wenig förderlich ist, weil der sich nur am Widerstand erprobende Impetus zur anpackenden Weltbewältigung, zum Aufbau von hohen Formen der Zivilisation, offensichtlich fehlt und das Ich des Einzelnen den Aufbruch aus der Gruppe nicht leistet.

Andererseits zeigt es sich, daß Brutalität als Antwort auf den

Selbstbehauptungstrieb des Kindes höchst bedenkliche Folgen für die Charakterentwicklung haben kann. Dies schildert zum Beispiel A. Kardiner von den Aloresen, einem Papuastamm auf einer Pazifikinsel. Als Folge äußerst strenger und nach unseren Maßstäben liebloser Erziehung der Kinder konstatiert er bei den Erwachsenen »eine mißtrauische und innerlich isolierte Persönlichkeit ... Die Alerosen sind immer abwehrbereit, scheu, unsicher und fühlen sich ständig bedroht.« Man kann hier allerdings sehr daran zweifeln, ob sich dieser Volksstamm überhaupt zur Zeit der Beobachtung seiner Sitten noch im normalen Zustand seiner Kultur befand oder ob er nicht bereits durch den Kontakt mit der westlichen Zivilisation in einer pathologischen Auflösungsphase war. Von den Ik in Uganda, von denen Colin Turnbull über ähnlich erschreckende Charakterzüge berichtet, kann dies als erwiesen gelten.

Immerhin dürfen wir es uns nicht zu leicht machen und einfach alle strengen Formen der Kindererziehung als pathologisch abtun. Die Lebensweise im antiken Sparta hat bei aller, zum Teil grausamen Strenge eine hohe Zivilisation bewirkt und eine Kultur, die wahrscheinlich nicht nach unserem heutigen Geschmack, aber zweifellos weit entwickelt war.

Doch blicken wir nun auf unsere eigene Kulturform. Dem kindlichen Trotz, seinem »Nein« und seinem Wunsch, abgelöst von der Mutter, »allein« zu handeln, tritt in jeder Familie in Nuancen anders Weichheit oder Härte, Verständnis oder Strenge, Autorität oder »Antiautorität« entgegen – dazu noch trotz aller »Rollenklischees« in durchaus wechselnder Aufteilung auf Vater und Mutter. Das Kind erfährt seine eigenen Grenzen als eng oder als weit, die Eltern und Geschwister als hart oder als liebevoll-gewährend. Als Fazit solcher wechselnder Erfahrungen wird es sich selbst als ohnmächtig oder als allmächtig, als Unterdrückten oder als Tyrannen erleben – und wird, mit diesem Selbstgefühl ausgestattet, spätestens nach Verlassen des Elternhauses die notwendige Korrektur durchführen müssen, falls der junge Mensch dazu noch fähig ist und nicht bereits fixiert an den überzogenen oder unterdrückten Selbstbehauptungstrieb.

Vor allem der, dessen Trotz brutal niedergeknüppelt wurde,

wird das Charaktermerkmal der »Verstocktheit« und »Verschlagenheit« tragen, wie Christa Meves es so richtig konstatiert. Als Sadist wird er vielleicht später an seinen Kindern und Untergebenen die Selbstbestätigung nachzuholen versuchen, die ihm als Kind versagt blieb.

Als »Radfahrer« wird er zeitlebens nach oben buckeln und nach unten treten. Sigmund Freud nannte diese zu seiner Zeit häufige Charakterstruktur die zwangsneurotische und als ihre Hauptkennzeichen: Ordentlichkeit, Sparsamkeit und Eigensinn. Christa Meves nennt ihn den Ordnungstyp: »Er ist prinzipientreu, gewissenhaft, fleißig, gründlich, stetig und beherrscht. Seine Unausgeglichenheit kommt in explosionsartigen Jähzornanfällen und in Fällen schwerer Neurotisiertheit in Quälsucht und einer Neigung zu Gewalttat zum Ausdruck. Der Ordnungstyp fürchtet, seinen Besitz zu verlieren, und trachtet unentwegt danach, ihn abzusichern.«

Zieht eine Gesellschaft in strenger Prügelpädagogik eine ganze Generation von Ordnungstypen heran, so wird der Kadavergehorsam zur verläßlichen Tugend, und die Welteroberungsheere können marschieren. Dann »zittern die morschen Knochen« . . . aber es müssen auch die Freiheit und der Geist zittern, denn das freie Ich, dessen Entfaltung dem Ordnungstyp so schwer oder gar nicht gelingt, braucht nicht die zwanghafte Ordnung der Ich-Schwäche, sondern die geistige Ordnung der Freiheit, die sich nur in der gegenseitigen Toleranz ich-starker, unverklemmter Selbstentfaltung findet.

Der andere aber wird, da er in übermäßig gewährenlassender Erziehung keine »Frustrationstoleranz« erwerben konnte, zeitlebens an den kindlichen Trotz fixiert und von den Erwachsenen tief enttäuscht, sich triebartig an allen Ordnungen und Strukturen reiben und versuchen, doch endlich noch auf die Autorität zu stoßen, die ihm die Erfahrung seiner Grenzen nachliefert. Dies ist eine Nuance unbewältigten Selbstbehauptungstriebes, die vor allem heute im Gefolge antiautoritärer Erziehungsexperimente bei Jugendlichen häufig ist. Protest als Lebensform, »Trotzalter« als lebenslängliche Gefangenschaft an einen unabgesättigten Antriebsbereich – das wäre die kulturfeindliche, allzeit schlagbereite, aber zur Übernahme von

Traditionen nicht befähigte Existenzform einer Generation, die sich mit der von ihr abgelehnten Kultur zugleich auch den eigenen Boden entzieht.

Die guten oder schlechten Erfahrungen, die das Kind bei dem Versuch seiner Selbstbehauptung mit der elterlichen Autorität macht, werden also nicht nur sein eigenes späteres Leben bestimmen – und dazu seine Fähigkeit oder Unfähigkeit, fremde Autorität dort anzuerkennen, wo ein echter Wert hinter ihr steht, und sie in klarer Unterscheidung nur dort abzulehnen, wo sie geistig nicht legitimierte und hohle Anmaßung ist –, sie werden dadurch auch auf das kulturelle Klima der Zeit nachhaltig einwirken und so auf die Kulturentwicklung überhaupt. Das gleiche gilt, wenn auch in einer anderen Dimension, für das kindliche Triebschicksal in dem Antriebsbereich, dem wir uns nun als letzten zuwenden wollen.

4. Der Geschlechtstrieb drängt zur Übernahme der Geschlechtsrolle, was aber keineswegs nur die »genitale Endhandlung« meint, sondern das gesamte Verhaltensinventar und die ganze kulturell fixierte Rollenerwartung an die Geschlechter. Für den Menschen (wie für die höheren Tiere) gilt, daß dieses Antriebsgeschehen in der frühen Kindheit zunächst ruht. Es ist – wie wir früher schon betont hatten – noch verborgen unter der Hülle einer »unschuldigen« Ungeschiedenheit, der die Augen noch nicht aufgegangen sind für die Unterschiede der Geschlechter.

Erst nach dem Einsetzen des Trotzalters – in unserem Kulturkreis heute im 4. oder 5. Lebensjahr – gehen den für die sexuellen Spannungen zunächst »blinden« Kleinkindern die Augen auf, und sie erkennen, »daß sie nackt sind«. Kein Tiervergleich kann uns bei diesem geheimnisvollen Geschehen weiterhelfen, denn das Ich des Kindes – beim Eintritt in die mythische Bewußtseinslage – begreift nach der Einmaligkeit seiner Existenz nun auch die Gebundenheit seines Daseins an eine – und nur an eine! – von zwei möglichen Formen des Menschseins. Dieses Begreifen ist schmerzlich – es bedeutet Eintritt in das Spannungsfeld der Mann-Frau-Polarität, verurteilt den Jungen zur Nicht-Frau, das Mädchen zum Nicht-Mann – enthüllt die Einheit des Ichs als Halbheit und macht so auch die äußeren Kennzeichen dieser Halbheit zu Merkmalen einer Unvollkommenheit, deren man sich schämt.

Wenig nützt es hier – um sogleich ein drängendes Problem der Gegenwart aufzugreifen –, wenn das mentale Bewußtsein der Erwachsenen unserer Zeit feststellt, da gäbe es nichts zu schämen! Für das mythische Bewußtsein des Kindes, in dem der Geschlechtstrieb erwacht (und ebenso für das mythische Bewußtsein, das in unserem eigenen Innern weiterhin wach bleibt), ist diese Halbheit eine schmerzliche Scham, ein Bruch im Selbstverständnis und ein Ahnen von tiefer Verwundbarkeit, das sich im Verhüllen und Verbergen zu schützen sucht. Abwesenheit solchen Schamgefühls wäre – um Sigmund Freud zu zitieren – »das sicherste Kennzeichen von Schwachsinn«, also von mangelhafter Entfaltung unserer humanen Seinsweise. Abdressur dieses Schamgefühls oder auch nur mangelnder Respekt vor ihm wäre also eine schwere pädagogische Sünde wider den Geist der sich beim Kind zur polaren Geschlechtlichkeit entfaltenden Menschlichkeit. Hier droht in unserer Zeit durch falsch verstandene Libertinage und brutale Sexualaufklärung Jugendlicher eine der schwersten Gefahren für unsere Kultur, denn in den Händen von »Schwachsinnigen«, oder sagen wir besser: moralisch Stumpfsinnigen, wird sie gewiß nicht gedeihen!

Im 5. Lebensjahr des Kindes bildet sich nun im Gefolge des sich entfaltenden Geschlechtstriebes (oder sagen wir besser: Geschlechtsrollentriebes) eine Disposition zur »sexuellen Vorprägung« aus. Was die Verhaltensforscher in Seewiesen – besonders der Lorenz-Schüler Friedrich Schutz – an jungen Entenvögeln beobachtete, gilt in der naturgesetzlichen Strenge einer schicksalhaften Prägung eben auch für uns und gibt dem von Freud beschriebenen Ödipus-Phänomen eine naturwissenschaftliche Erklärung – die wir wiederum vor allem Christa Meves verdanken: Am gegengeschlechtlichen Elternteil wird nun erfahren, wie das Verhalten des zukünftigen Geschlechtspartners sein soll. Dieser Informationsübernahme kommt eine innere Bereitschaft entgegen (ein »angeborenes Verstehen«, wie Konrad Lorenz es nannte): »So wie der Vater – bzw. beim Sohn: wie die Mutter – soll später auch einmal mein Mann (meine Frau) sein!« Aber nur: »so wie«, nicht etwa direkt ihnen gleich, denn eine angeborene Inzest-Scheu warnt schon das Kind zunehmend vor jedem echten Geschlechtskontakt mit den nächsten Angehörigen.

Nehmen wir die im Bereich des Bindungstriebs bereits lange vorher schon entwickelte Identifikationsbereitschaft des Kindes zu seiner nun neugewonnenen Erkenntnis der Gleichgeschlechtlichkeit eines seiner Elternteile hinzu, so entsteht als drängendes Ziel des kindlichen Geschlechtstriebes der Wunsch des Jungen: So wie der Vater möchte ich einmal werden und eine wie die Mutter heiraten – und entsprechend Umgekehrtes wünscht sich das Mädchen. Und beide wünschen es nicht nur: Triebhaft steuern sie diese Identifikationsziele an, ahmen die Tätigkeit der Erwachsenen des eigenen Geschlechts nach und werben um das andere, wenn auch zunächst in aller kindlichen Unbefangenheit und »Unschuld«.

Alles wird auch in diesem Antriebsbereich für die Entwicklung der eigenen Sicherheit als späterer Mann oder Frau wieder davon abhängen, welche Erfahrungen dieses kindliche Bedürfnis nach der Übernahme der ihm zustehenden Rolle in seiner Umgebung, also in der Familie, in der Gruppe, in der »Gesellschaft« macht. Wieder können wir dabei nicht einfach wie bei den Tieren nach dem »Normalen« Ausschau halten, sondern es gilt zu begreifen, daß die ganze kulturelle Vielfalt im Feld der polaren menschlichen Geschlechterspannung und in der jeweiligen Entwicklungshöhe von matriarchalischer, patriarchalischer oder integraler Kulturform sich jeweils durch die Nachwachsenden und in diese Rolle Hineinwachsenden erhält – oder aber sich durch Veränderung im Bereich des kindlichen Triebschicksals selbst verändert.

Was es heißt, ein Mädchen zu sein und die Geschlechtsrolle einer Frau zu übernehmen, das ist für eine Amazone, für eine Spartanerin, für eine Orientalin oder für eine moderne Europäerin durchaus verschieden und jeweils in ganz anderer Weise »normal«. Was es für ein Kind heißt, männlich zu sein, das ist im Matriarchat einer polynesischen Kultur gewiß kaum vergleichbar mit dem, was es im Alten Rom oder in unserer Zeit bedeutet. Aber wie weit wir auch immer den Bogen des völkerkundlichen Vergleichs spannen, selbst wenn wir dabei die verwirrendsten Gegensätze auffinden – eben einen Spiegel der großen Vielfalt möglicher menschlicher Kulturformen –, es muß doch klar sein, daß jede einzelne dieser Kulturen in völliger Strenge ihre klare, eindeutige Norm und Struktur der männlichen und weiblichen Daseinsform kennt und jede Abweichung von dieser Norm als schädlich und »unnatürlich« ablehnt!

Dies gilt selbstverständlich auch für unsere Kulturform, in der die polare Spannung der Geschlechter – die wir im Bereich der Sprache schon behandelt hatten – in der unserer Entwicklung gemäßen Form weiterhin ihre tragende Bedeutung behält. Völlig unsinnig wäre es daher, in der Sexualerziehung unserer Kinder nach irgendwelchen polynesischen, indianischen oder altgriechischen Sitten zu schielen und Normen unserer Geschlechtlichkeit abbauen zu wollen, weil sie irgendwo anders auf der Welt, in einer anderen Kultur nicht gelten. Wir sind keine Papuas, keine Eskimos und keine Alten Griechen, deren Geschlechtserziehung ist daher für unsere Kultur ganz unerheblich, ja letztlich so unangemessen und gefährlich, wie es unsere Sitten meist auch für andere Kulturen sind. Wir haben unsere Kinder in u n s e r e Kultur einzuweisen – alles andere läuft auf deren Zerstörung hinaus! Und selbst wenn wir wirklich im Umbruch wären vom Patriarchat zum »Integrat« des Respekts vor der Gleichwertigkeit des Ungleichartigen – diese, unsere Form der Ungleichartigkeit müßte dann doch gemäß der biologischen Grundsituation durchgehalten werden, wenn nicht die Unsicherheit in der eigenen Geschlechtsrolle auch zur Unfähigkeit des Verständnisses für die polar entgegengesetzte führen soll.

Hier liegen ganz spezielle Gefahren unserer von Gruppennormen so weitgehend freien Kulturgemeinschaft, in der die Kinder, in der ganzen Fülle des innerfamiliär jeweils Möglichen, durchaus nicht immer auf Situationen treffen, die zur fröhlichen Identifikation mit dem gleichgeschlechtlichen bzw. zur sicheren Vorprägung am gegengeschlechtlichen Elternteil ermutigen.

Da gibt es elterliches Verhalten, das Kinder abschrecken

muß (der prügelnde Vater, die gehetzt-überforderte Mutter), da gibt es elterliche Rollenerwartungen, die Kinder nicht erfüllen können (der ersehnte Erbe, der leider »nur« ein Mädchen ist), und da gibt es Erziehungs- und Aufklärungsexperimente, oder auch verfrühte sexuelle Erfahrungen, die unsicher machen oder das Kind sogar zur völligen Ablehnung des eigenen oder des anderen Geschlechts führen. Sigmund Freud hatte als Folge solcher Unsicherheit in der eigenen Geschlechtsrolle die Hysterie als psychopathologische Antwort vieler Frauen der Jahrhundertwende auf die verklemmte Prüderie jener Zeit erkannt. Heute gilt als allgemeine Erkenntnis der Psychologie, daß verunsichertes Selbstgefühl aufgrund von Irritation in der Geschlechtsrolle zum hysterischen Charakterzug führt.

Christa Meves nennt ihn den Darstellungstyp und schreibt: »Ein Mensch mit dieser Struktur hat aufgrund von Kindheitserlebnissen ein unzureichendes Selbstwertgefühl in bezug auf sein Mann- beziehungsweise Frausein. Er neigt deshalb zu einer Identifikation mit allem und jedem.« Als Folge solcher »schillernden Selbstdarstellung« aber neigen Darstellungstypen auch »zu Unzuverlässigkeit und zu Treulosigkeit als Charakterzug. Sie haben Angst vor tiefergehenden, dauerhaften Liebesbindungen, sind unruhig Suchende und Schweifende.«

Es kommt also auch in diesem vierten Antriebsbereich entscheidend darauf an, daß das Kind in ihm eine angemessene Absättigung des Antriebszieles – hier der Übernahme einer eindeutigen geschlechtsspezifischen Existenzform – erleben kann. Das Naturwesen Kind – in vier Antriebsbereichen in die Sonderform menschlichen Daseins hineinwachsend – ist vierfach gefährdet, seine Entwicklung zum erwachsenen Kulturwesen zu verfehlen, wenn die bergende Hülle der Mutter-Kind-Dyade, der Familie, der Gruppe ihm im ersten Lebensjahr nicht die notwendige Hilfe dafür bietet. Jede Generation von Eltern und Erziehern wird so zum Schicksal der nächsten – zugleich aber wird die Entwicklung der Kinder das Schicksal jeder Kultur und damit zuletzt auch die Existenz der Eltern bestimmen.

9 Die Stadien des Lebens – Biologie von Reife und Alter

Die Entfaltung der vier Antriebsbereiche haben wir in den vorhergehenden Kapiteln ausführlich behandelt und damit den Weg des Menschen vom Status des reinen Naturwesens über das Erstjahr und in die weitere Kindheit verfolgt bis zu dem Moment, wo alle vier Antriebe bereit stehen, um das Kulturwesen Mensch zu formieren. Die Störungen und Risiken auf diesem Weg haben wir ebenfalls beschrieben und dabei erkannt, wie vielfältig dieser weitere Weg gefährdet ist durch das jeweilige Antriebsschicksal, das zu lebenslänglicher Behinderung und Unfreiheit führen kann.

Damit sind die Bedingungen geschildert worden, die den Einzelmenschen an die Schwelle seines eigenen, selbständigen Lebens führen – aber dieses Leben selbst ist nun zu betrachten, der ganze Zeitraum nach der Kindheit, in dem sich das Schicksal des einzelnen entfaltet und abrundet zu Reife und Alter! Erscheint uns doch die Kindheit als die Vorphase, auf die das eigentliche, das unverwechselbare Geschehen des Lebenslaufes erst noch folgen soll. Vor allem dem Kind selbst steht dieses Erwachsensein wie ein gelobtes Land vor Augen, nämlich als ein Land der Freiheit, in der das Gebot des »Du darfst noch nicht!« endlich aufgehoben sein wird.

Dieser Weg und dieses von den Kindern so gelobte Land des Erwachsenseins soll uns in diesem Kapitel beschäftigen. Hatten wir die Entfaltung der vier Antriebsbereiche bisher vor allem psychologisch gesehen, so soll uns nun auch das mit ihnen verknüpfte körperliche Wachstumsgeschehen noch einmal in überraschender Weise zu einem fundamentalen Unterschied zwischen Tier und Mensch führen. In stetigem Verlauf entwikkelt sich das Streckungswachstum des Körpers und die Volumenzunahme des Gehirns beim Menschenaffen von der Geburt bis zum Erreichen der Geschlechtsreife. Adolf Portmann hat als Ergebnis gründlicher Vergleichsstudien aber feststellen können, daß menschliches Wachstum – im Gegensatz zu allen vergleichbaren Tieren – drei Phasen zeigt. Das schnelle, embryohafte Wachstum des Erstjahres hatten wir bereits erwähnt. Als zweite Phase schließt sich an eine Strecke verhältnismäßig geringen Wachstums – vom zweiten bis etwa zum zwölften Lebensjahr ist der Status des »Kindes« ausgeprägt – ein in sich harmonischer, körperlich ohne dramatische Änderungen verlaufender Abschnitt, in dem sich der junge Mensch unter Entfaltung seiner Antriebsbereiche in der Familie, seiner ersten sozialen Gruppe, widerstandslos einbirgt.

In der biologischen Ruhe dieses Jugendalters, während dessen das Gehirn seine endgültige Größe erreicht, ist mit der pyknischen Wuchsform zugleich auch die innere Gestimmtheit des »Märchenalters« – der mythischen Bewußtseinshaltung – verbunden, in der nun wie in der Ruhe vor dem Sturm sich die kindliche Seele mit den Inhalten auffüllt, die später die tragende Schicht unterhalb des Mental-Rationalen bilden soll. Daß es bei dieser Sachlage zu einem großen pädagogischen Fehler wird, den Kindern das Altersgemäße vorzuenthalten und sie verfrüht mit rein technischer Kausalität einzudecken, wird hier erneut klar.

Mit dem »Pubertätsschuß« – das heißt mit dem Einsetzen der körperlichen Reife, die in einzelnen Kulturen und individuell um den Zeitraum vom 8. bis zum 14. Lebensjahr schwankt – setzt nun ein auffallendes Streckungswachstum ein, das in seiner abrupten Plötzlichkeit und dem Grad der dabei in kurzer Zeit erreichten Größe wiederum deutlich anders ist als bei den Tieren. Der Typ des Leptosomen, des hageren, langen Don Quijote, wird nun bestimmend. Wir haben damit hintereinander die beiden Konstitutionstypen des Menschen (den Grundmenschen und den Kopfmenschen Portmanns, von denen wir schon sprachen) in unserem eigenen Wachsen durchlaufen – und dies nicht nur im Körperlichen, sondern auch im Seelisch-Geistigen, denn dem Kopfmenschen entspricht ja die kritisch-rationale, alle Märchen der Kindheit entmythologisierende Haltung der mentalen Bewußtseinsstufe. »Weist es nicht auf tiefe, verborgene Beziehungen zwischen Körpergestalt und Erlebensweise hin« – so fragt Portmann (1956) –, »daß zwei in der äußeren Erscheinung so markante Stadien unseres Entwicklungsganges gerade solche psychischen Wesenszüge zeigen, die auch dem entsprechenden Körpertypus beim Erwachsenen zugeordnet sind?«

Gewiß – »tief und verborgen« bleibt uns im Grunde die Beziehung zwischen Körpergestalt und Erlebensweise, aber dennoch steht fest, daß sie sich im gesetzmäßigen Nacheinander des kindlichen Wachstums ereignet, daß sie in ihrer Abfolge und Norm zur Sonderstellung des Menschen im Kosmos gehört, ja daß sie selbst diese Sonderstellung wenigstens zu einem Teil bedingt. Um so mehr also muß es den Biologen alarmieren, wenn in diesen gesetzmäßigen Abläufen – an deren Norm sich vermutlich durch viele Jahrtausende nichts änderte – plötzlich innerhalb weniger Jahre einschneidende Veränderungen auftreten. Dies ist tatsächlich in der Erscheinung der Akzeleration deutlich: In den letzten Jahrzehnten haben sich überall in den Zivilisationszentren die naturgesetzlichen Normen des menschlichen Wachstums und der Reife dramatisch verschoben. Die mittlere Körpergröße junger Männer ist im Verlauf eines knappen Jahrhunderts um fast 10 Zentimeter angestiegen. Messungen an Hamburger Gymnasiasten ergaben sogar noch höhere Werte: Dreizehnjährige waren 1877 im Durchschnitt 1,43 groß, im Jahr 1957 maßen sie 1,60 m, also 17 cm mehr! Bei den Mädchen hat sich entsprechend der Eintritt der Geschlechtsreife wesentlich verfrüht: er liegt heute bei uns bei 12 bis 13 Jahren, aber noch in der Generation unserer Großmütter lag er bei 16 bis 18 Jahren.

»Die Leptosomen sind da!« sagt Portmann (1964). »Ihre Zahl nimmt in jüngster Zeit zu, und sie schießen so sehr in die Länge, daß es ihnen heute selbst nicht mehr ganz geheuer ist in ihrer Wuchsform.« Und wir alle bemerken es ja inzwischen, daß die Kinder den Eltern über den Kopf wachsen – jedenfalls körperlich! Was aber steht hinter diesem beunruhigenden Prozeß der Akzeleration, der nicht nur die körperliche Befindlichkeit der Jugendlichen durch eine erhebliche Verfrühung verändert, sondern der – wegen der Beziehung zwischen Körpergestalt und Erlebensweise – auch das geistig-kulturelle Klima unserer Gesellschaft beeinflussen muß?

Es hat nicht gefehlt an biologischen Theorien zur Erklärung

dieses unheimlichen Wachstumsgeschehens, das so plötzlich in unserem Jahrhundert die bisherigen naturgesetzlichen Normen verändert. Man dachte an den Effekt der zunehmenden genetischen Vermischung, da in der Bevölkerung die Heiraten von Partnern verschiedener geographischer Herkunft zunehmen (Heterosis-Effekt). Vor allem aber verdächtigte man die veränderten Eßgewohnheiten: Rübenzucker und hoher Anteil von Fleischnahrung – dies alles unterscheidet in der Tat unsere Speisezettel ganz erheblich von dem unserer Urgroßeltern. Aber keine dieser Vorstellungen kann befriedigen: Genetische Effekte der angedeuteten Art sind in so eindeutig wachstumsbezogener Form biologisch nicht bekannt, veränderte, üppige Eßgewohnheiten aber fallen ebenfalls aus, da auch in den beiden Weltkriegen mit ihrer Mangelernährung die Akzeleration uneingeschränkt weiterlief.

Der Grund für ein so umfassend wirkendes Phänomen muß tiefer in den Kulturbedingungen selbst liegen, von woher er gewissermaßen als Rückkoppelungseffekt die Erscheinung beeinflußt, die ihn selbst bewirkt. Als »Urbanisationstrauma«, wie es C. Denhold-Thomsen schon 1928 nannte, spiegelt die Akzeleration die Fülle der unnatürlichen Einflüsse unserer Zivilisation, besonders der großstädtischen, die in unserem Jahrhundert in lawinenartigem Tempo und Umfang an die Stelle der bisherigen, weitgehend natürlichen Lebensumstände getreten sind. Adolf Portmann, der zu dieser Erscheinung mehrfach Stellung nahm, schildert dieses Urbanisationstrauma – er nennt es die »Reizüberflutung« – drastisch: »Die Veränderung der Beleuchtungsverhältnisse dehnt das Tagesleben immer weiter in die Nachtzeit hinein aus. Der natürliche Tagesrhythmus ist vielfach gestört, wenn nicht aufgehoben, und Drogen sollen dann helfen, die nötigen Schlaf- und Wachstunden zu sichern. Die Zeiträume, die für flüchtige Lektüre zur Verfügung stehen, ebenso wie die Vermehrung des entsprechenden Lernstoffes wirken hier mit. Der Einfluß von Film, Radio, Fernsehen ebenso wie die Massenereignisse des Sports, aber auch die vermehrte Intellektualisierung der Schulen – alles das arbeitet in der gleichen Art: mit einem verhältnismäßig bescheidenen Anteil bewußten Erlebens und mit einer großen, unbekannten Befrachtung durch unbewußte Reizwirkungen« (Portmann 1966).

Die in ihren Auswirkungen »unbekannte Befrachtung« des Heranwachsenden durch die schnelle zivilisatorische Umstellung, die sich in unserem Jahrhundert ereignet, hat also tiefgreifende Folgen für die Entwicklung des Einzelnen – und vielleicht müssen doch Jahrzehnte vergehen, ehe wir den Grad der Umstellung, ja der Schädigung, die der Kulturmensch sich in seiner Zivilisation selbst bereitet, voll ermessen können. Wenn wir uns nun daran erinnern, daß außerdem ja in den vier Antriebsbereichen des Verhaltens heute mehr denn je Verhaltensstörungen den Start der Jugendlichen in ihr Leben behindern, so ergibt sich insgesamt eine Risikozone von großem, bedrohlichem Ausmaß, in der das gesunde, ungestörte Heranwachsen der Kinder zu künftigen Kulturträgern gefährdet ist. Sollte unsere Zivilisation, die doch die Folge unserer kulturellen Entwicklungshöhe ist, zugleich die Ursache von deren Niedergang werden – oder befinden wir uns nur in einer kulturellen Krise, die uns stärker macht, weil sie uns nicht umbringt? Wir werden im letzten Kapitel dieses Buches in allem Ernst auf diese Frage zurückkommen, die wir zunächst noch offen lassen. Denn noch haben wir nicht alle Bedingungen der Kulturevolution und der Entwicklung des einzelnen kennengelernt, die wir doch für die Beantwortung dieser bangen Frage brauchen.

Wir wollen daher die Betrachtung der Kindheit abschließen und uns hier nun den weiteren Stadien der Reife und des Alterns zuwenden. Wie viele solcher menschlicher Lebensstadien gibt es zu unterscheiden? Schon Solon im antiken Athen, vor allem aber der große Arzt Hippokrates, hatten hier eine strenge Systematik eingeführt, die in der Antike weitgehend Gültigkeit besaß und uns in letzten Resten auch heute noch berührt. Alle sieben Jahre, so meinte man, begänne beim Menschen ein neues Stadium des Seins: Auf die Kindheit folgt mit sieben die Jugendzeit, mit 14 – für zwei Jahrsiebte – die Männer- und Frauenreife, mit 28 die Familie und Elternschaft, mit 35 die der Sorge für das Gemeinwesen – also die eigentliche Zeit des »Zóon politikón« –, mit 42 die der hohen geistigen Reife (der »Blüte« – Akme – in der jeder Dichter und Philosoph sein bleibendes Werk schafft!) und schließlich ab 49 dann das Alter. Etwas einfacher und wesentlich optimistischer gegenüber dem Alter teilte einige Jahrhunderte später der Römer Varro ein: in 15-Jahrsprüngen ließ er das Leben des Mannes (und entsprechend auch der Frau) ablaufen, nämlich bis 15 als Junge (*puer*), bis 30 als Jüngling (*adolescens*), bis 45 als junger Mann (*iuvenis*), bis 60 als älterer Mann (*senior*) und ab 60 dann als Greis (*senex*).

So verschieden diese Systeme sind, eine wesentliche Struktur haben sie doch gemeinsam, die auch in unserer heutigen Gesellschaft ihre volle Gültigkeit behält: Um das 40. Lebensjahr herum liegt die entscheidende »Lebenswende«, der Umschlag vom Jungen zum Älteren – von *iuvenis* zum *senior*. Nach diesem Umschlag kommt das Alter – wie immer man es im einzelnen benennt –, davor aber liegt die eigentliche Zeit des aktiven Lebens, so »eigentlich«, daß wir für diesen voll reifen, aber noch nicht alten Erwachsenen gar keine eigene Bezeichnung haben: wie im Patriarchat der Mann eben zugleich der Mensch zu sein schien, so scheint uns der Ausgewachsene, aber noch nicht Alte als der Erwachsene schlechthin.

Das ist merkwürdig genug, denn es gibt doch beim Menschen dieses Stadium des Alters – und je höher die Kulturform ist, um so länger wird das Lebensalter ihrer Mitglieder, um so zahlreicher also werden diese Alten! Doch sieht man sie allzuoft angstvoll nur aus der Perspektive des Nicht-mehr-Könnens, gewissermaßen als einen unterprivilegierten Stand, dem vielleicht theoretisch Ehre gebührt, praktisch aber höchstens noch Mitleid. So ergibt sich denn heute vor allem in der westlichen Kultur die seltsame Situation, daß zwar jeder alt werden, aber niemand alt sein möchte.

In solcher einseitigen Sicht der Erwachsenen zeigt sich, wie wenig »erwachsen« ihr Urteil eigentlich ist und wie sehr sie selbst – die noch nicht Alten – fasziniert sind von der Freude am Genuß ungebrochener Körperkraft – also ganz animalischer, naturgesetzlicher Möglichkeiten und Zwänge –, wie sehr sie selbst aber den Zustand scheuen und fürchten, der jenseits des Zenits der Naturgesetzlichkeit im Bereich der Kultur als zusätzlicher, geschenkter Lebensabschnitt auf sie wartet.

Wie ernst es eine Zeit nimmt mit der Bejahung der Kultur – des Geistes, der sich den Körper baut –, das erweist sich deutlich stets auch an ihrer Haltung gegenüber dem Alter. Ist es etwa doch nur der Körper, der sich den Geist baut? Dann freilich müßte mit dem Versagen der Körperkräfte wohl auch die Leistung des Geistes nachlassen! Dann müßte für den Menschen gelten, was für das Tier gilt: daß nach der Blüte der Kraft und körperlichen Gesundheit eigentlich gar nichts mehr kommt. Die moderne Reklameindustrie und die Traumfabriken unserer Gesellschaft hämmern es in penetranter Einseitigkeit täglich neu uns allen ein. Frau sein heißt dann, ein blühendes, junges Mädchen, allenfalls eine kraftvoll-gesunde Mutter sein, liebende Gefährtin eines strahlenden, männlichen Helden – beide mit blendend-weißen Zähnen, straffer Haut, kräftigen und hochleistungsfähigen Körpern, voll funktionierenden Sinnesorganen und unerschöpflichem Elan. Leben und Menschsein, das hieße dann zwanzig bis dreißig, allenfalls vierzig Jahre alt sein, alle Antriebsbereiche voll entfaltet haben, um sie in animalischer Gesundheit frei zu vollziehen. Menschsein hieße dann: alles zu dürfen, was man kann, und alles zu können, was man darf. Aber nicht die kulturelle Norm regelte dann dieses »Dürfen«, sondern der Arzt, der über die Gesundheit wacht. Gesundheit, das ist die letzte Konsequenz aus dieser Vergottung des aktiven Körpers und seiner Physiologie, wird dann zum »höchsten Gut«, das man eben hat – das einem zusteht, wenn man jung ist! – und das man eben verliert, wenn man alt wird!

Hier wird eine kulturelle Perversion unseres Denkens sichtbar, die der Kultur im Grunde direkt entgegensteht. Denn was biologisch richtig ist – so hatten wir in früheren Kapiteln immer wieder gesehen –, das kann oft genug kulturell falsch sein. Die Zurücknahme eigener Möglichkeiten, das asketische »Ich darf nicht alles, was ich kann«, war uns als Stimulus der Kultur überhaupt deutlich geworden. Die eigene Gesundheit, das eigene Wohlergehen war und ist daher eben gerade k e i n Maßstab für die kulturelle Freiheit, sondern ein Hinweis auf naturgesetzliche Unfreiheit. Wo wäre unsere Kultur – wo wären wir selbst, die wir alle in dieser Kultur und nur in ihr leben –, wenn allen Kulturträgern und Geisttätern das eigene Wohl als das »höchste Gut« erschienen wäre? Wir wollen die Frage klar beantworten: Auf den Bäumen wären wir noch (falls die Theorie richtig ist, daß unsere Vorfahren einst von dort herabkletterten) – jedenfalls also im Stadium der Evolution, wo diese biologische Richtigkeit noch natürliche Wahrheit war, nicht aber in dem Raum der geistigen Entwicklung, in dem – allen biologischen Regeln zum Trotz – das Wohl der anderen (und nicht das eigene) zum höchsten Ziel kultureller Entfaltung wird.

Wir dürfen diesen wesentlichen Gesichtspunkt der Biologie der Kultur also auch beim Blick auf die Reife- und Alterungsvorgänge des Menschen nicht aus den Augen verlieren: Wir sind von Natur aus Kulturwesen – je älter wir werden, um so deutlicher wird dies. Gewiß: ein dreißig- bis vierzigjähriger Mensch (ein *iuvenis* diesseits der Lebenswende) befindet sich auf der Höhe seiner natürlichen Kraft und seiner biologischen Möglichkeiten; er ist in dieser Hinsicht mit jedem anderen voll erwachsenen und ausgereiften, gesunden Lebewesen vergleichbar. Mehr als diesen Zenit der naturgesetzlichen Entfaltung hat aber ein Tier – im Unterschied zu uns – vom Leben nicht zu erwarten. Für das erwachsene und geschlechtsreife Exemplar, auch für das Alpha-Tier einer Gruppe, folgt nach dieser erreichten Entwicklung nur noch ein schnell verlaufender Prozeß der Vergreisung und der Tod – bei den Menschenaffen spätestens etwa im 40. Lebensjahr. Der Tod ist hier also die einzige »Lebenswende«.

Mehr als diese 40 Jahre sind von der Natur her offensichtlich auch für uns eigentlich gar nicht vorgesehen. Es ist also kein Wunder, daß wir uns jenseits der Vierzigjährigkeit zunehmend mit Krankheiten, Ausfallerscheinungen und Verschleißdefekten herumplagen müssen und daß künstliche Heilmittel (Medikamente, Operationen, Prothesen) uns eine zunehmend künstliche Existenz ermöglichen. Wir leben jenseits der Lebenswende – heute fast die Hälfte unseres gesamten Lebens – eben deutlich auch jenseits der Grenze, die »eigentlich« – nämlich von der Natur und ihren Gesetzen her – für den reibungslosen Ablauf unserer Funktionen und Antriebsbereiche vorgesehen ist. Wir leben im Bereich unserer »zweiten Natur«, nämlich der Kultur, deren Möglichkeiten durch Medizin und Sozialhygiene nicht nur neue Freiheitsräume, sondern auch neue Zeiträume für uns eröffnet haben. Wir leben im Alter nicht mehr in der geschuldeten Natur (wie es die Moraltheologie nennt), sondern in dem Bereich der geschenkten Kultur!

Krankheiten und Gebrechen sind der Preis für das Geschenk dieser zweiten, zusätzlichen Lebenshälfte. Ob sich dieser Preis für sie lohnt, das wird davon abhängen, ob wir den unnatürlichen – nämlich mehr als nur natürlichen – Geschenkstatus dieses Lebensabschnittes begreifen und uns darauf besinnen, worin sein Sinn liegt. Das Alter kann seine Würde nicht von dem herleiten, was es nicht oder nicht mehr leistet, sondern nur von dem, was allein jetzt möglich wird. Es ist der Natur gewissermaßen abgerungen, und daher kann es nur entweder »übernatürlich« sein (nämlich mehr als nur biologisch-natürlich), oder aber es wird »unternatürlich«, sinkt herab zur bloßen Verlängerung eines natürlich nicht mehr sinnvollen Zustands. Nach dem Sinn also gilt es zu suchen.

Es zeigt sich dann, daß die gesetzmäßige und natürliche Entfaltung der vier Antriebsbereiche – die wir im vorangehenden Kapitel betrachtet hatten – zum Erwachsenwerden hinführt, ja dieses biologisch trägt, daß sich aber jenseits der Lebenswende, im Alter, eine Weiterentwicklung innerhalb dieser Bereiche ereignet, bei der sich die Ziele wandeln und damit auch die Bedürfnisse selbst und die angemessene Art ihrer Befriedigung. Sigmund Freud sprach von der Sublimierung – also Vergeistigung – der Triebe; ähnlich meinte es der Psychologe August Vetter, der den menschlichen Lebensablauf in einem treffenden Bild der Durchdringung und wechselnden Vorherrschaft zweier polarer Kräfte schildert: nach dem somatischen (also körperlichen) Lebensbogen der ansteigenden Entfaltung der leiblichen Antriebsbereiche, die die erste Lebenshälfte des Menschen bestimmt, gewinnt in der zweiten Lebenshälfte der pneumatische (also geistige) Lebensbogen zunehmend an Bedeutung. In ihm – der auch in der Jugend schon angelegt war, doch jetzt erst seine volle Reife erreicht – verlängert sich der Schwung des Seins nach oben, ins

Geistige hin, während das Materielle in seiner Bedeutung abnimmt und schließlich wie Ballast immer mehr abfällt.

Die Kulturentwicklung der Menschheit insgesamt – aus dem Gesetz des Soma in die Freiheit des Pneuma – vollzieht sich also auch im Leben des Einzelnen, wie wir es als das Schellingsche Gesetz der Parallelität bereits kennengelernt hatten. Weil es in unserer Kultur diesen geistigen Raum, die Noosphäre Teilhard de Chardins, gibt, kann der Einzelne in einem zweiten Abschnitt seines Lebens in ihn hineinwachsen. Aber dieser Satz gilt auch umgekehrt und zeigt uns dann erst die ganze Bedeutung des Alters: weil wir der Natur einen langen pneumatischen Lebensabschnitt abgerungen haben und weil viele, vielleicht heute schon die meisten Menschen unserer Zeit ihn erleben dürfen, ändert sich die menschliche Daseinsform zunehmend in Richtung auf einen Raum des Geistes, der Kultur, die mit neuen Dimensionen der Freiheit die somatische Basis der Naturgesetze überwölbt. Sagen wir es noch einmal ganz einfach und auf eine letzte, schlüssige Formel gebracht: Das Alter als Lebensform kann nur im Bereich der Kultur reifen, die Kultur aber kann sich nur zu ihren geistigen Höhen entfalten, wo das Alter als reife Form des Menschseins daran mitwirkt.

Naturgesetze kann die Kultur nicht aufheben, aber sie kann sie geistig überhöhen und ihnen so gewissermaßen nach oben entfliehen. Der Erwachsene und reifend Alternde, dessen maximale Entfaltung in den vier Antriebsbereichen vollzogen ist, erfährt daher in der zweiten Hälfte seines Lebens – »Hälfte« freilich nur, wenn man wie Ernst Jünger einmal sagte, die Jahre nicht mit der Elle, sondern mit der Waage mißt –, daß der eigene Körper ihm das Recht auf die Erfüllung seiner primären Antriebsziele allmählich versagt. Was vorher asketisches »Ich darf nicht alles, was ich kann« war, wird nun weitgehend zu einem passiv erlittenen »Ich kann nicht mehr alles, was ich dürfte«.

Aber diese Einsicht wird belohnt durch eine andere, die jenseits der primären, materiellen Bedürftigkeit der Antriebe eine sekundäre, verinnerlichte und vergeistigte Befriedigung erfährt. Das gilt allerdings nur dann, wenn der Älterwerdende sich nicht an frühere Stadien seines Seins festklammert, wenn er die Wandlungen der Lebenswende annimmt und als Ausgestoßener aus der bergenden Hülle der somatischen Vollfunktion bereit ist für das Eintreten in neue Hüllen geistiger Bergung. Altern ist also nichts weniger als »natürlicher« Prozeß – es ist im Gegenteil eine kulturelle Leistung, die durch die Zivilisation ermöglicht und vom Einzelnen mit seinem reif gewordenen Ich immer wieder neu erbracht werden muß, wenn sich für ihn – und für die anderen – der Lebenslauf harmonisch runden soll. Wer die Jahreszeiten des Lebens kennen und beachten lernt, wird auch ihre Botschaft, ihre je spezifischen Aufgaben im Raum der Evolution des Geistes verstehen.

Diese Botschaft hat in jedem der vier Antriebsbereiche einen anderen Wortlaut, doch spricht sich in jedem die gleiche Hoffnung auf den Geist der Freiheit aus. Wir wollen daher unsere Betrachtung von Reife und Alter des Menschen mit einem Blick in den pneumatischen Ansatz jedes einzelnen Antriebsbereiches abschließen. Dabei werden wiederum die Antriebslehre von Christa Meves und ebenso die von ihr für das Alter beschriebenen Wandlungen als Grundlage dienen.

1. Der Nahrungstrieb, der sich als erster entfaltete und bis zur letzten Stunde den somatischen Bogen des Lebens trägt, zeigt im Alter einen deutlichen Wandel, wenn der alternde Mensch sich nicht aktiv und krampfhaft gegen solchen Wandel sperrt. Abnehmender Appetit, schwächer werdendes Bedürfnis nach dem Haben und Genießen-Wollen materieller Güter sind kein Unglück eines Nicht-mehr-Könnens, sondern ein Hinweis darauf, daß nun jenseits der Lebenswende anderes wichtiger wird, als sich die Welt einzuverleiben und sich an sie zu klammern.

Das Recht auf den Respekt, ja die Ehrfurcht der Jungen vor seinem Richtungswechsel in den Antrieben steht nun dem Alternden zu – nicht so sehr das auf Appetitanreger, die ihn auf einem Status festbannen, der seinen Körper zu Hochleistungen rüsten will, die er nicht mehr vollbringen kann. Völlerei, Geiz und Altersgefräßigkeit sind Zeichen mißlungener Reife – das merkt niemand so deutlich wie die Jungen selbst, denen durchaus ein klares Bild des gelungenen, reifen Alters vorschwebt.

Welche Hoffnungen für das eigene Alter aber bedeutet es für uns alle, wenn wir an einem, dem das Alter gelang, erleben, wie wenig irdische Kalorien ein alter Mensch zu seiner Existenz benötigt. Wie nahe kommt uns allen dann die ganze Fülle der Botschaft, daß der Mensch »nicht vom Brot allein« lebt, sondern daß dort, wo der pneumatische Lebensbogen sich voll entfaltet hat – im Glauben –, auch heute noch ein Korb mit Brot genügt, um Fünftausend zu speisen. Wie tief berührt es uns, wenn wir an einem Alten erfahren, daß es – im Geist – einen Reichtum gibt, der nicht erworben wurde, indem man ihn anderen wegnehmen mußte, sondern der im Geben und Austeilen wächst.

2. Im Bindungstrieb, der uns die Menschen und die Welt nahebringen will und es eigentlich erst ermöglicht, uns im somatischen Lebensbogen an sie mit allen Sinnen zu hängen, werden nun im Alter andere Bindungen und andere Wahrnehmungen wichtig, wenn es gelingt, sich zu lösen und in den pneumatischen Bogen einzuschwingen. Abnehmende Seh- und Hörkraft weisen nun unser Ich nachdrücklich auf ein Reich der Innerlichkeit und Stille hin.

Unser Respekt sollte dem älter werdenden Menschen diesen Rückzug zubilligen, der ja zugleich ein Aufbruch ist in ein geheimnisvolles Reich des Geistes, in dem eine letzte bergende Hülle zu letzten, tiefsten Bindungen ruft. Es hat also einen Sinn, wenn ein Achtzigjähriger nicht mehr alle Geräusche dieser Welt hört, nicht mehr alle Einzelheiten dieser Welt deutlich sieht – er kann nun anderes deutlicher hören und sehen. Warum muß er, mit Hörgerät und Brille vor den Fernsehapparat gerückt, um den Sinn dieser Veränderungen gebracht werden, die ihn nun wandeln wollen? Er kann und darf nun in einem Abschließungsprozeß von der Welt seine persönliche Loslösung von ihr gestalten, kann ein stiller Wanderer nach innen werden, auf sich selbst und die vielen Gestalten und Bindungen seines Lebens zu, die dort in ihm auf geistige Bewältigung und auf liebenden Umgang warten. Er kann nun mit der Ernte beginnen von dem, was er und andere gesät haben – er kann zugleich das Vergangene verarbeiten und es so hinüberführen in die Zukunft.

3. Im Selbstbehauptungstrieb wartet im Alter die gleiche Chance der Sublimierung. Es geht nun nicht mehr unbedingt um Selbstbehauptung und Verteidigung des eigenen Rechts auf Sein, nicht mehr um Territorium und Ranghöhe, um Karriere und Anerkennung. Es geht nun um das, was im pneumatischen Bogen aus allen diesen somatischen Ansätzen wird, die doch wie alles Vergängliche »nur ein Gleichnis« sind für Selbstverwirklichung im Geist, aus der dann – anders als in der Hackordnung – die geistige Autorität, die Führerschaft und Weisheit des Alters ausstrahlen kann.

Denn ein gehässiger, ein aggressiv-gereizter Alter – wie wenig entspricht er der Würde und Chance seines Standes, von dem doch die Jungen eigentlich Väterliches, also liebevolle Führung und verständnisvolle Gelassenheit erwarten. Loslassen können, Leiden ertragen, dem nachdrängenden Leben ohne Groll Platz bereiten, statt ihn streitig zu machen – das sind die hohen Tugenden im pneumatischen Bogen der Aggressionskraft, die zuletzt den lebenslangen Kampf um Selbstbehauptung und um das Weiterleben abschließen können in einer Haltung des letzten, vertrauensvollen Loslösens, die sagen kann: »In Deine Hände befehle ich meinen Geist.«

Da können Höhen der Menschlichkeit erreicht werden – in stiller Tapferkeit in einem Altersheim, in demütigem Ertragen von Schmerz und Krankenlager –, die weit über jedes Tier, über alles nur Natürliche und Biologische hinausführen und die zurückbleibenden Jüngeren mit der kostbaren und kulturstiftenden Leistung eines Leitbildes für eigenes Reifwerden beschenken. So starb Sokrates im Kreise der Freunde, die er trösten mußte, in Kerkermauern und leiblichem Schmerz ein unvergängliches Zeichen letzter menschlicher Freiheit setzend, die im Annehmen und Bejahen besteht und in der gelebten und durchgehaltenen Gewißheit von der Unzerstörbarkeit des Geistes.

4. Der Geschlechtstrieb, der als letzter Antriebsbereich sich in der Jugend entfaltete, muß im somatischen Lebensbogen der Sexualität als erster enden. Auch hier aber gilt, daß eine

Wandlung ins Pneumatische sich vollziehen kann, eine geistige Enthüllung darüber, wovon die Sexualität selbst nur Symbol und Gleichnis war. Mann sein ist nicht nur eine sexuelle Geschlechtsrolle, es ist auch eine geistige Form der Existenz, wie Frau sein eine andere ist. In unendlichem Reichtum der Bilder deuten es – dem mythischen Bewußtsein klar verständlich – die Mythen von Göttern und Göttinnen an, was alles außer Sexualität noch in der polaren Spannung des Menschseins sich verwirklichen könnte: Der alte König und die weise, uralte Mutter – sie sind Manifestationen sublimierter Geschlechtlichkeit, die ihre hohen geistigen, kulturellen Aufgaben hat.

Wer hier mit Hormonbehandlung nachhilft, um dem Scheinideal des »rüstigen Alten« zu huldigen – des Alten nämlich, wie ihn die Jungen sich wünschen, wenn ihre eigene Angst sie überfällt angesichts der Notwendigkeit, selbst einmal von der Kraft und somatischen Fülle der ersten Lebenshälfte Abschied nehmen zu müssen –, der verstellt einen Weg, auf den doch der Alternde ein Recht hat und den zu beschreiten nun sein kultureller Auftrag ist. Denn im Grunde haben wir eine klare Vorstellung von gelungenem Alter auch in diesem Antriebsbereich. Ein Greis, der lüstern im somatischen Lebensbogen festhakt, wenn seine Kräfte dazu nicht mehr taugen, überspannt diesen Bogen und erscheint uns befremdlich. Eine nach indirektem Genuß gierende kupplerische Alte, die, wenn die eigene Möglichkeit versagt, doch noch als Helferin für Jüngere sich in diesem Antriebsbereich festbindet – wie sehr ist sie das Urbild des verfehlten Alters, von dem uns die Märchen von der Hexe warnen wollen.

Lassen wir also – das gilt für alle vier Antriebsbereiche – die Alten in Würde reif werden und nach dem Entwicklungsgesetz der Kultur ihren Lebensabschnitt gestalten. Hören wir auf das, was als kollektive Archetypen unseres Unbewußten wie in den Märchen und Sagen der Völker als kulturelles Wissen und als Warnung bereit liegt: Nicht Geizhals, mürrischer Sonderling, alter Esel, böser Zauberer, Kuppler und Hexe zu werden, ist das Schicksal des alternden Menschen, es ist nur die Gefahr am Wege, die ihm und uns allen dort auflauert, wenn wir nicht wachsam sind. Aber wenn es als unser aller Aufgabe erkannt wird, von Jugend an auf das Alter als einen eigenen gesegneten Stand zuzuwachsen, wenn wir eine Kultur schaffen und bewahren, in der man nicht nur alt werden kann, sondern auch alt werden möchte, dann winken die anderen, hellen Märchenbilder aus dem Erfahrungsschatz der Menschheit: der alte König, der Weise, der blinde Seher, die liebende Urmutter, die gütige Fee.

Helfen wir den Alten, ihr Zurücktreten aus der vorderen Front des Lebens als Privileg zu genießen! Begreifen wir doch wieder, daß wir damit – und nur damit – auch für unser eigenes Altwerden den Freiheitsraum schaffen, in dem dieser Stand des reifgewordenen Menschseins seine eigenen Freuden hat und zugleich seine hohe kulturelle Funktion für die Gemeinschaft, auch für die Jungen. Tradition, von der jede Kultur getragen wird, kann ja nicht leben, wenn die Kette reißt, die hinüberreicht von den Alten, die etwas zu geben haben, was nur sie besitzen, zu den Jungen, die bereit sind, etwas zu empfangen, was sie anders nicht erlangen können.

10 Der Weg zum mündigen Einzelnen

Es hat uns bisher der Einzelne in seinem Aufbruch, in seiner historischen wie individuellen Ich-Werdung so intensiv beschäftigt, daß die in diesem Prozeß jeweils verlassenen Hüllen fast unbeachtet und wie leere Schalen am Wege liegen blieben. Doch sind diese unter Mühen verlassenen Hüllen – die Gruppe im historischen, die Bezugspersonen im persönlichen Wachstum – ja auch lebende Systeme mit kraftvollen Strukturen der Selbsterhaltung, von denen also klare Reaktionen auf den Einzelnen zurückwirken. Dies gilt es nun zu betrachten, wobei wir zugleich aus der Behandlung des individuellen Wachstums des Einzelnen (das die letzten vier Kapitel füllte) wieder zu der allgemeinen kulturhistorischen Betrachtungsweise zurückkehren, die in den ersten Kapiteln vorherrschte. Die Parallelität beider Wege ist nun klar geworden – die wechselseitige Erhellung des Eigenweges durch das kulturhistorische Werden und der Kulturgeschichte durch die individuelle Menschwerdung jedes Einzelnen kann damit nun in den abschließenden Kapiteln ihre volle Tragkraft für das Gebäude unserer Kulturbiologie entfalten.

Jede Geburt eines Neuen ist eine Krise für das System, aus dem es hervorgeht. Dies muß klar sein, um die latenten Widerstände zu begreifen, die sich jeder solchen Geburt entgegenstellen. Für die eigentliche, leibliche Geburt ist dieser Aspekt klar: Sie bedeutet unmittelbare Lebensgefahr und erhebliche Folgelasten für die Mutter und ist schon deshalb keineswegs in jedem Fall ihr unbedingter Wunsch. Auch der Vater, ja die ganze Gruppe kann gegen Geburt und Aufzucht eines Kindes sein – Empfängnisverhütung, Abtreibungen oder Kindstötungen haben daher eine lange kulturelle Tradition, wenn es auch unserer Gegenwart vorbehalten blieb, Kinderlosigkeit aus persönlicher Bequemlichkeit und mangelnder Opferbereitschaft als freies Recht aller zu legitimieren.

Der Weg des Einzelnen ist also von Anfang an bedroht durch die Möglichkeit, daß er als unerwünscht gar nicht erst zugelassen wird, weil seine Geburt verhindert und ihm lediglich eine »Frist« von drei Monaten bis zu seiner offiziellen Vernichtung zugebilligt wird. In solchen Fällen siegen die Eigeninteressen der bergenden Hülle absolut über das in ihr angelegte Neue – wobei im Falle der Abtreibung auf diesem Vorgang der Makel haftet, daß mitten in einer Gesellschaft, die die Todesstrafe auch bei schwerer Schuld abgeschafft hat, diese gleiche Vernichtung an absolut Unschuldigen vollzogen wird.

Aber der Widerstand der »Hülle« verhindert nicht nur manche leibliche Geburt, sondern auch in der kulturellen Entwicklung des Einzelnen zum Ich, auch bei dem Versuch der Geburt seiner Selbständigkeit innerhalb der Gruppe, wird das bergende System, aus dem er ausbrechen will, bedroht und reagiert mit Widerstand. Jeder von uns kennt diese instinktive Reaktion der Gruppe auf den, der aus der Reihe tanzen will, der nicht mehr mitmachen, der sich ablösen will. Sogar im Tierreich läßt sich eine entsprechende Reaktion in vielen Fällen bei höher organisierten Arten feststellen. Wir sprachen schon vom Schicksal des »Normübertreters«: Wer nicht richtig riecht oder aussieht, wer »die Parole« nicht nennen kann, wird ausgestoßen und vernichtet. Die Verhaltensforschung sieht in diesem sogenannten »Mobbing« – also im kollektiven Ausstoßen des Andersartigen durch die Gruppe – eine instinktive Maßnahme der Gruppenhygiene, die der Bewahrung des genetischen Bestandes, also der Erbtradition dient. Man darf eben kein weißer Rabe sein und kein schwarzes Schaf, wenn man in der Gruppe geborgen sein will!

Wir nannten es das Talent zum Mitläufer, wenn sich daher Tiere wie Menschen »angepaßt« benehmen, wenn sie instinktiv bereit sind, die Gruppe, zu der sie gehören wollen, nicht durch Andersartigkeit herauszufordern, um dadurch deren Abtreibungs- und Ausstoßungsverhalten nicht zu wecken. Wir müssen nun verstehen, daß der Weg zum mündigen Menschen – der genau diesen Aufbruch in das Andersartige, nämlich in das Ich-selbst-Sein meint – auf heftigen, instinktiven Widerstand der Gruppe trifft. Die eigentliche Leistung dieses Aufbruchs zu sich selbst ist tatsächlich der Kraftaufwand, mit dem dem instinktiven Sog zum gruppenkonformen Verhalten widerstanden wird. Jugendlichen ist ein solcher Widerstand normalerweise gar nicht zuzumuten. Wenn Eltern etwa von ihrem Kind verlangen, daß es eine modische Verhaltensweise der anderen, Gleichartigen nicht mitmacht – nicht lange Haare trägt als Junge, nicht Blue-Jeans-Hosen als Mädchen –, überfordern sie es, denn sie setzen ihr Kind mit Sicherheit dem Mobbing-Verhalten der gleichaltrigen Gruppe aus. Aber auch Erwachsene werden aus der Norm der Mode nicht leicht und nicht ungestraft ausbrechen, solange die normative Kraft der Gruppe stark genug ist. Übrigens ist der Gewinn der Absonderung und Selbständigkeit auf diesem Gebiet normalerweise zu gering, als daß man dafür den erforderlichen Kraftaufwand einsetzt: Es ist dann einfach ein Zeichen der Vernunft und Mündigkeit, angepaßt »mitzumachen«, sich also den Schlips umzubinden, den Hut aufzusetzen und nicht im Badeanzug in die Oper zu gehen. Der Tribut an die Gruppennorm zahlt sich hier aus: Man verletzt sie nicht und hat daher seine Ruhe.

Aber gerade diese Verletzung der Gruppennorm kann andererseits durchaus zum lohnenden Ziel werden. Provokation, Herausforderung der Gruppe und damit ein Messen der Kräfte mit ihr, das alles ist mit leichten Mitteln zu erzielen, wenn Normen bewußt übertreten werden. Es gehört zur völlig normalen Strategie der jugendlichen Selbstfindung – also letztlich in den instinktiven Bereich des Selbstbehauptungstriebes. Hier wird in jeder Generation neu »der Aufstand geprobt«, wobei jeweils das kulturelle Klima der Gesellschaft die angemessenen Mittel bestimmt. Im Reglement einer militärisch streng geführten Soldateneinheit kommt bereits eine Blume im Knopfloch einem solchen Aufstand gleich, bei einer balinesischen Tänzergruppe könnte schon die falsche Bewegung des kleinen Fingers eine Provokation sein, die schwere Folgen nach sich zieht. Bei unserer überaus liberalen westlichen Nachkriegsgesellschaft dagegen müßten die Jugendlichen sich heute schon erheblich anstrengen, wenn ihre Herausforderung überhaupt angenommen werden soll. Wir sollten sie dann aber nicht »unverschämter« schelten, als frühere Generationen uns einst schalten – sie übertreten die Grenzen, aber die Gesellschaft setzt diese Grenzen und bestimmt damit selbst den Aufwand, der zu ihrer

Übertretung nötig ist. Selbsterfahrung und Gespür für die Grenzen der eigenen Macht sind notwendige Voraussetzungen, um mündig zu werden (das müssen wir zum Verständnis der Provokation wissen), aber Provokation selbst ist noch kein Zeichen für Mündigkeit, auch das muß klar sein. Mündigkeit wird sich weit eher im Verzicht auf mutwillige Provokationen erweisen.

Doch gibt es nicht nur die mutwillige Provokation, den eigenen Anstoß also zum Messen der Kräfte, sondern es gibt auch und vor allem die tragische, die unvermeidliche Provokation durch die Sonderung und Selbstfindung des Ichs. Hier liegt das eigentliche Spannungsfeld zwischen Individuum und Gesellschaft, dem der Einzelne nur entgehen könnte, wenn er auf seine Selbständigkeit verzichtet. Auf dem evolutiven Höhepunkt der gut funktionierenden Gruppe, im Zustand der weitgehenden Ichlosigkeit ihrer Mitglieder, wird sich das Optimum der bergenden Funktion entfalten und mit der fehlenden Bereitschaft zur Provokation auch alle Spannung entfallen. Wir kennen solche – im Grunde ungemein entlastenden und beglückenden – Zustände des totalen Konsenses aus Augenblikken, in denen starke gemeinsame Emotionen alle Selbständigkeit der Einzelnen vorübergehend annullieren: gemeinsame Begeisterung, seliger Rausch eines Erfolges, religiöses oder patriotisches Hochgefühl – da schließt sich die Gruppe für Momente wieder ganz um ihre Teile.

Aber wie schnell taucht man – fast beschämt – wieder auf aus solchem Taumel, wie bald ist in unserer Kulturstufe jeder wieder allein mit sich und spürt die Last und zugleich die Notwendigkeit dieses Alleinseins. Damit aber wird jeder, der die Hülle verläßt, zur Provokation für die anderen, denn er schwächt die Hülle und damit auch sie. Tragisch ist diese Provokation, weil sie unabwendbar zur Selbstfindung dazugehört. Und es geht dann freilich nicht um die Blume im Knopfloch oder um ein modisches Detail – es geht vor allem um das Denken und Empfinden, um den Geist. Bewußtes Denken ist personal – wer überhaupt denkt, wird damit zum »Andersdenkenden«, zur Herausforderung des Kollektivs und in ihm eines jeden, der auch ein Andersdenkender, auch ein anderer ist.

Es muß also gegen den Strom geschwommen werden, wenn der Einzelne zu sich selbst aufbricht. Wir wissen es alle, daß man durch das Neue, zu dem man unterwegs ist, stets am Alten schuldig wird. Daß es unvermeidbar ist, vermindert nicht die Spannung – und übrigens ist es nicht völlig unvermeidbar, man könnte ja auch bleiben, wo man war!

Bricht man trotzdem auf – weil der Drang zur eigenen Entwicklung stärker ist als die Sicht zurück (die »Rücksicht«!), so regt sich also in uns das Gewissen – dieser »Ruf aus der Unheimlichkeit des Daseins«, wie Martin Heidegger es nannte. Schlechtes Gewissen und Versöhnungsbereitschaft – wir haben schon in einem früheren Kapitel gesehen, wie sich beides in der Umgangssprache, in Versöhnungsgesten und Höflichkeitsformel ausdrückt.

Wie die Geburt – so notwendig sie ist für das Leben des Kindes – der Mutter Schmerzen und Lebensgefahr bringt, so wird auch die Geburt des Ichs, die Sonderung des Einzelnen von der Gruppe, zur Sünde an ihr, zu einer das Gewissen belastenden Tat, die der Erlösung bedarf. Diese Erlösung ist die Versöhnung der Gruppe mit dem Einzelnen, seine Anerkennung also und der Verzicht auf die Ausstoßung.

In dieser Spannung erlebt der Einzelne die Unverfügbarkeit seines Schicksals. Denn »Vergebung der Sünde« – das ist ja in jedem Fall die von außen kommende Gnade der ehemals bergenden Hülle, die in der »Sünde« verlassen wurde. Nicht alle Eltern verzeihen ihren Kindern die Selbständigkeit – Verstoßung oder Rückzwingung in die Bindung sind durchaus möglich. Nicht jede Gruppe – des Altertums oder der Neuzeit – verzeiht einem Mitglied den Austritt, sondern viele verfolgen den »Abtrünnigen«, den Ketzer mit wütendem Haß. So ist der Weg zum mündigen Einzelnen vom Druck der beharrenden Kräfte belastet und bedarf des Zuges nach oben, voran in die neuen Räume.

Solcher Zug kann nur von dorther kommen und geht vom Vorbild aus – von einer Instanz also, die es in der Entwicklung eines Tieres zum angepaßten Artvertreter nicht gibt, sondern die wieder ganz in den Raum menschlicher Kultur gehört. Der Bindungstrieb, dessen Absättigung sich beim Tier in der Nachfolgeprägung fast schon erfüllt, steht beim Menschen zu wesentlich höheren, pneumatischen Aufgaben bereit: Er ist es ja, mit dessen Hilfe ihm die Identifikation mit dem Vorbild gelingt und wodurch das Seil geschlungen wird, an dem der Einzelne sich gegen allen Widerstand aus zu eng gewordenen Hüllen herauszieht. So meinte es Goethe, wenn er den Pylades in der »Iphigenie« sagen läßt:

Ein jeglicher muß seinen Helden wählen,
dem er die Wege zum Olymp hinauf
sich nacharbeitet.

Ein Jeglicher . . .! Und wenn wir auch nicht alle Helden wie Pylades sind und auf dem Wege zum Olymp – es gilt hier doch ein Dichterwort als Lebensweisheit für uns alle: Von dem, was ein anderer erreichte auf dem Wege zu sich selbst, fällt Kraft und Mut auf den zurück, der seinen eigenen Weg erst gehen will. Was das Kind in erwartungsvollem Staunen am Erwachsenen bewundert, das sieht der mündig Werdende an dem, den er sich als Vorbild gewählt hat: Es ist möglich! Das Ich – dieses »tief geheimnisvolle« – ist möglich trotz aller Widerstände; Sünde wider die Gruppe und sogar Ausstoßung durch sie ist Anstoß zu eigener Reife und Mündigkeit. Widerstand gegen die Gruppe ist kein Lebensinhalt – wo einer auf diese Stufe der Ich-Findung zeitlebens fixiert bleibt und seine Tage als »Berufsprotestler« zubringt, ist er von dem eigenen Lebensziel noch weit entfernt –, aber als Durchgangsphase zu eigener Reife ist die Ablösung von der Gruppe dem Einzelnen als Etappe eigenen Werdens auferlegt.

Dieser Entwicklungsweg des Einzelnen, aus dem Gesetz der Gruppe zur Freiheit von ihr und den neuen Gesetzen des Ichs, bleibt stets bedroht, denn unsere Freiheit ist durch unser eigenes biologisches Programm gefährdet. Bei der Begegnung mit dem »Auslöser« klinken unsere Instinkte nach wie vor an den vorgegebenen Stellen ein, unsere ihnen gegenüber gewonnene Überlegenheit gehört also nicht einfach unverlierbar zum kulturellen Besitzstand, sondern Triebdurchbrüche bleiben immer möglich, wenn die Situation zur massiven Verführerin wird. Wir verstehen nun, was Verführung eigentlich bedeutet: Sie ist Eingriff in die Freiheit des anderen mittels der Verstärkung seiner biologischen Zwänge, ist Eroberung oder zumindest bedrängende Belagerung seiner verteidigten Bastionen und somit Ausnutzung fremder Anfälligkeit für eigene Zwecke und Behinderung der souveränen Selbstentfaltung.

Wenn es – nach Kant – der Inbegriff des Unsittlichen ist, den anderen zum Mittel der eigenen Zwecke zu machen, so ist eigentlich jede zudringliche Reklame – eins der lautesten und grellsten Begleitmerkmale unserer Kultur – ein unsittliches Geschehen. Ein Plakat mit dem lockenden Bild perlenden Sekts und kühlen Bieres, rauchender Helden und verführerisch lächelnder Schokoladeesserinnen appelliert beim Betrachter direkt oder indirekt an Auslöser für seine oralen Antriebe und schränkt dadurch seine Entscheidungsfreiheit ein. Zwar ist solche »Bedarfsweckung« (die eigentlich Bedürfnisweckung heißen müßte) in ihrem Selbstverständnis reine Information, bleibt aber trotz solcher verschleiernden Bezeichnung zugleich ein Versuch der Manipulation und Verführung. Die Tat – hier der Konsum –, zu der verführt werden soll, braucht selbst nicht schlecht zu sein, schlecht ist die Tatsache, daß von außen in unseren innerseelischen Haushalt eingegriffen wird, so daß zuletzt nicht unser Ich, sondern dieses Außen (also doch wieder die Gruppe und ihr Gesetz) unser Handeln bestimmt. Denn auf das Gruppengesetz soll der Einzelne zurückgepfiffen werden, dem die verführende Reklame signalisiert: »Sieh, so machen es alle, die zur Gruppe der Erfolgreichen gehören – so mußt du es auch machen!« Alle psychologischen Tricks im Aussenden wirksamer Auslösersignale – aufreizende Farben, animierende Musik und vor allem immer wieder und in allen Variationen die breitwandig hingehaltene, lächelnd werbende und männerlokkende Weiblichkeit – werden von einer respektlosen und lauten, »marktschreierischen« Reklame ausgesandt, um den Einzelnen aus der kulturellen Freiheit des Nein-sagen-Könnens zurückzuholen in den naturgesetzlichen Zustand eines reflexartig auf Auslöser und Befehl reagierenden Gruppenmitgliedes.

Im Bereich der Sexualität wirken bestimmte optische Auslöser für männliche Triebwünsche am mächtigsten. Hier kann durch Auslöser von massiver Stärke – besonders durch Nacktheit – eine drängende Handlungsbereitschaft geweckt werden, die alle anderen Motive beiseite schiebt und schließlich selbst eine gefestigte und mündige Persönlichkeit in die Unfreiheit biologischer Gesetze zurückwirft. Verführung ist daher vor allem im Bereich des Geschlechtstriebes unfair, weil respektlose Machtausübung. Sie ist damit – obwohl sie doch scheinbar in diesen Bereich gehört – zugleich das Gegenteil von Liebe, denn sie raubt genußvoll die Freiheit, die Liebe doch schenken will.

Wie jede Machtausübung kann auch Verführung Lust bereiten, vor allem dem Ich-Schwachen, der Bestätigung seines Selbstgefühls benötigt. Daher empfindet der seiner eigenen Freiheit voll bewußte und um die des anderen besorgte mündige Kulturmensch die Macht über andere – und seine etwaige Lust an dieser Macht – mit S c h a m ; so verbirgt er die Insignien seiner Macht, statt sie in unreif-kindlichem Stolz vorzuweisen. Im biblischen Bericht vom Sündenfall ist dieser psychologische Vorgang in aller Deutlichkeit geschildert: Machtanmaßung, Aufgehen der Augen, Erkennen, daß man nackt ist, sich schämen und das Bedecken der Blößen mit Schürzen aus Feigenblättern. In der Tat – das läßt sich aus diesem Bild ganz allgemein und für alle Verhaltensbereiche ableiten –, die Unschuld und Unbefangenheit ist hin, wenn wir erst einmal wissen, daß wir die Macht besitzen, den anderen seiner Freiheit zu berauben und ihn nach unserem Wunsch in die Bahnen gesetzmäßiger Handlungsweisen zu drängen. Die Versuchung ist nun groß, solche Verführung zu eigenen Zwecken einzusetzen – wer die eigene Macht über die fremde Ohnmacht erkannt hat, der hat auch »erkannt, was gut und böse ist«.

Daher wird Nacktheit verhüllt – hinter allen hygienischen Zwecken wird die kulturelle Absicht der Bekleidung deutlich. Das hat schon der Philosoph Kant deutlich gesehen, denn er schrieb über den »mutmaßlichen Anfang der Menschengeschichte« (1786): »Das Feigenblatt war also das Produkt einer weit größeren Äußerung der Vernunft, als sie in der ersten Stufe ihrer Entwicklung bewiesen hatte.« Allerdings meint der sarkastische alte Herr, daß durch ihre Verhüllung vor allem die anziehende und verführende Wirkung der Auslöser bewahrt, Verführung also vor allem weiterhin möglich bleiben soll. Daher fährt er fort: »Denn eine Neigung dadurch inniglicher und dauerhafter zu machen, daß man ihren Gegenstand den Sinnen entzieht, zeigt schon das Bewußtsein einiger Herrschaft der Vernunft über Antriebe.« Doch Steigerung oder Minderung der Möglichkeit zur Verführung sind zwei Seiten der gleichen bewußt gewordenen Macht. Das Verhüllen von sexuellen Auslösern und Zurückhaltung im sexuellen Imponiergehabe stellen sich daher schrittweise als erwünschtes Verhalten in allen höheren Kulturen ein – eben als »Opposition zur Natur«, wie wir den polnischen Philosophen Kolakowski schon einmal am Anfang dieses Buches zitierten.

Eine romantisierende Völkerkunde des Rokkoko wollte allerdings in den sogenannten »nackten Wilden« und ihrer sogenannten freien Liebe die eigentlichen, unschuldigen Naturkinder sehen, denen unsere Sitte der Bekleidung und Zurückhaltung als unnatürlich und verkrampft gegenübersteht. Aber hier gilt es zu unterscheiden zwischen den Grenzen der Scham und der Schamlosigkeit. Zunächst ist zu bemerken, daß der Lendenschurz bei sonst unbekleideten Völkern ungemein weit verbreitet ist und bei ihnen die volle Funktion der Verhüllung von mit Schamgefühl belegten Körperregionen leistet. So ist der Lendenschurz nur ein Sonderfall – gewissermaßen das kulturelle Minimum – der in weiten Grenzen bei allen Kulturen schwankenden, jeweils aber meist sehr strengen Bekleidungsvorschriften. Und auch die totale Nacktheit, der einige wenige Urwaldvölker huldigen, bleibt doch innerhalb klarer kultischer Grenzen, denn ein besonderer Kodex des Verhaltens – in der Sitzweise und bei körperlichen Vorgängen – schützt immerhin noch den Einzelnen vor dem ungewollten Anblick funktionsbereiter Genitalien.

Schamlosigkeit stellt sich erst dort ein, wo diese – manchmal kaum sichtbaren – äußersten Grenzen bewußt übertreten werden. Eibl-Eibesfeldt hat dafür ein eindrucksvolles Beispiel bei den Buschleuten geschildert und in Filmaufnahmen dokumentiert: Wenn dort Kinder einem Fremden ihre Mißachtung zeigen wollen, lüften sie vor ihm tänzerisch wippend den Lendenschurz. Eine unmißverständliche Geste: »Vor dir schäme ich mich nicht! Du bist« – so will diese Geste tiefer Verachtung sagen – »kein Mitglied meiner Gruppe, ja überhaupt kein Mensch. Wie ein Tier bist du, darum darfst du mich nackt sehen, darum gelten dir gegenüber nicht die Tabus der Verführung und der Scham!«

Aber auch in unserer Kultur hat es stets die Tendenz gegeben, der Nacktheit ihre Tabus zu nehmen und so – gewissermaßen auf dem Umweg der Rückgängigmachung des »Feigenblattes als Opposition zur Natur« – den Stand der Natürlichkeit (im Sinne der Unschuld) zurückzugewinnen. Sportliche Arenen und antike Gymnasien (von *gymnos* = nackt) hoben den Körper des Atlethen gewissermaßen aus den Sphären natürlicher Leiblichkeit und versetzten ihn in den Himmel göttlicher Nacktheit. Auch Bildhauer und Maler nahmen das Recht zum Tabu-Bruch gegenüber der Bekleidungsvorschrift als Tribut an die Kunst in Anspruch. Das ganze Mittelalter hindurch war weibliche Nacktheit nur in der Bildersprache der Kunst (in Gemälden von antiken Göttinnen und christlichen Büßerinnen) jedermann als Anblick zugänglich, wobei der im Grunde fragwürdige Vorbehalt galt, daß künstlerisch veredelte Nacktheit unschuldig, das heißt nicht mehr verführerisch sei. Wieso eigentlich, muß man fragen, zumal die Sage von Pygmalion hier doch alle Illusionen zerstört? Doch ist zumindest ein Fall offensichtlich, in dem sexuelle Auslöserwirkung durch Motivverschiebung deutlich in den Hintergrund gedrängt wird: die stillende Mutter – sei's eine gewöhnliche Frau am Wegrand oder die Madonna mit dem Jesusknaben – ist auch mit völlig entblößter Brust für das gesunde seelische Empfinden eines Mannes kein sexueller Auslöser, hier wird nur die bergende, nährende Funktion der Brust sichtbar, sie bleibt dadurch in aller Nacktheit weiterhin als Auslöser verhüllt. Und so konnte tatsächlich auch im prüdesten Mittelalter das Bild der Stillenden sogar die Kirchenwände schmücken.

Schließlich gab es im Bereich der christlichen Religion gelegentlich auch vereinzelte Bestrebungen, die an antike Mysterien anknüpften und die Nacktheit heiligen wollten. Die Adamiten waren eine solche vorreformatorische Sekte, in der die paradiesische Unschuld des ersten Menschenpaares als durch Christus für die Jetztzeit wiederhergestellt erachtet wurde. So feierte man, wenn auch in zähneknirschender Anstrengung, die Unschuld der Nacktheit, wie sie im Altarbild vom »Garten der Lüste« von Hieronymus Bosch dargestellt wird. Die Gegner dieser Sekte verbreiteten, daß schreckliche Orgien bei ihnen stattfänden, doch ist dies sicher unrichtig, denn an der ernsten Absicht der Adamiten darf man auch bei ihrem völligen Mangel an Erfolg kaum zweifeln.

Ebenso sollte man die modernen Adamiten, nämlich die Anhänger der Freikörperkultur, betrachten. Kein Zweifel, daß in dem ganzen Paket von Beweggründen für den Besuch eines FKK-Strandes auch »Idealismus«, oder sagen wir etwas bescheidener: ein ideales Motiv aufzufinden ist. Natürliches Verhalten (worunter die Nacktheit verstanden wird), so meint man, führt zu Entkrampfung und zur Beruhigung raffiniert überreizter Sinne – ist also gesund. Doch darf nicht übersehen werden, daß das Reglement des FKK-Strandes durchaus unnatürliche, nämlich sittlich-kulturelle Gesetze kennt und beachtet: echt »natürliches« Benehmen angesichts der Nacktheit und aller ihrer Auslöserwirkungen wäre auch dort wie überall sonst in der Öffentlichkeit ein echter Skandal. Also auch diese Adamiten leben – abgesehen von dem, was an echter Sinneslust und Augenweide für den Einzelnen bei ihnen anfallen mag – letztlich aus der Illusion, daß man eine Evolutionsstufe dadurch rückgängig machen könnte, daß man ihre äußeren Merkmale verleugnet.

Nur wenn man auch ihre inneren Merkmale verwirft, hier also die sittlich-kulturellen Normen, das Schamgefühl und den Respekt vor der Verführbarkeit des Einzelnen angesichts übermächtiger Auslöser, macht man auch Evolutionsstufen rückgängig. Das Beispiel im Bereich der Sexualität ist dafür die Pornographie. Hier wird mit groben, biologisch zuverlässig wirksamen Schocks gearbeitet, hier tritt beim Konsumenten Rückschritt und Ich-Verlust auf, denn mit Beschämung erfährt er, wie die aufgepeitschten und überforderten Sinne ihm die Gefolgschaft verweigern. Tiefste Erniedrigung aber bedeutet es, wenn er erfahren muß, daß es ihm dabei ergeht, wie Mephisto (der Teufel) es sich für die letzte Demütigung des Menschen Faust erbat: . . . »Staub soll er fressen, und mit Lust!« Es ist die schale Lust an biologisch tief im Gesetz wurzelnden Emotionen einer Kulturstufe, die er längst überwunden hat und in die zurückzufallen ihn daher beschämt. Doch noch viel beschämender muß der dauerhafte Aufenthalt in dieser niedrigen Kulturstufe sein, der für die Hersteller und profitären Nutznießer solcher Porno-Veranstaltungen gilt. Wenn neuerdings unser oberstes Bundesgericht Filme dieses Genres – mit allen voraussehbaren Folgen der Beschämung und Erniedrigung des Betrachters – freigibt, weil sie »künstlerisch wertvoll« seien, so zeigt dies eine verwirrende und beängstigende Fehleinstellung zur Kunst. Gibt es da vielleicht demnächst auch einen »künstlerisch wertvollen« Mord zu besichtigen? Was immer Kunst sein mag – wir werden im nächsten Kapitel davon zu handeln haben –, sie ist auf jeden Fall ein Bemühen, das kulturelle Evolution vorantreiben und nicht rückgängig machen will!

Diese rückwärts gerichtete, auf niedere Stufen der Evolution zurückführende Tendenz der Pornographie stellt selbstverständlich nicht nur im Bereich der Sexualität eine ungemeine Gefahr für den Einzelnen und seinen Weg zur Mündigkeit dar, sondern vielleicht noch mehr in dem der Aggression. Alles, was eben für den Bereich der Sexualität gesagt wurde, gilt auch hier. Gewalt-Pornographie – also Verherrlichung roher, »nackter« Brutalität und die damit verbundene Mobilisierung der eigenen aggressiven Instinkte sowie die Abstumpfung der sittlichen Widerstände – ist vor allem für Jugendliche eines der größten Hindernisse auf dem Weg zur Selbstfindung. Selbst wenn Wildwestfilme und Kriminalserien, Folter- und Erschießungsszenen wiederum »künstlerisch wertvoll« sein sollten (was allerdings kaum jemand ernsthaft zu behaupten wagt) – ihre Instinkt-mobilisierende und dadurch jeder Selbstdisziplinierung entgegenstehende Verführungskraft steht außer Zweifel und muß Jugendliche auf die Dauer schwer schädigen. Wenn eine amerikanische Kongreßstudie bei durchschnittlichem Fernsehkonsum einem 16jährigen Jugendlichen bescheinigen mußte, im Laufe seiner Entwicklung mehrere tausend Morde am Bildschirm miterlebt zu haben, dann wird das Ausmaß an Gefährdung der Mündigkeit deutlich. Und auch Erwachsene können auf solche – die eigene Sittlichkeit immer wieder tief beschämende – Gewaltpornographie bestenfalls nur mit seelischer Abstumpfung reagieren, die den Weg zur Mündigkeit verstellt, denn die ist stets gerade durch helle Wachheit gegenüber Unrecht, Gewalt und Verführung gekennzeichnet.

Aber nicht nur durch andere und deren Verführung und Manipulation ist unsere Freiheit und kulturelle Entwicklung bedroht. Auch von unserer eigenen Schwäche droht uns Gefahr. Auch ohne schädlichen Einfluß von außen drängt in unserem Innern jeder Antriebsbereich nach wie vor und mit der naturgesetzlichen Schubkraft des gesunden Instinktes nach Vollzug ohne Rücksicht auf die Eingrenzung, die unsere kulturelle Stufe der asketischen Einschränkung ihm zuteilt. Von Triebdurchbrüchen droht Gefahr, wenn man nicht wachsam ist – aber wer könnte immer und an allen Fronten zugleich wachsam sein, auch gegen die kleinen Übertretungen, auch gegen die »läßlichen Sünden«? In der ständigen Korrektur solcher eigenen Grenzverletzungen, im übenden Umgang also mit den eigenen Schwächen, kann ein Lernprozeß einsetzen, der zur Veränderung und zu moralischem Fortschritt führt, vor allem aber – wenn wir ehrlich sind – immer wieder zu der Erkenntnis, daß wir hinter unseren eigenen Anforderungen an uns zurückbleiben oder – wie es der Glaube ausdrückt –, daß wir »allzumal Sünder« sind. Diese Ehrlichkeit, die auf das Abschieben der Schuld auf andere verzichtet, die Reue also, ist die Voraussetzung dafür, daß wir uns in unserer Macht und Ohnmacht zugleich erkennen. Schuldfähig sein, »zurechnungsfähig«, ist notwendige Eigenschaft des Einzelnen, der sich auf den Weg zu sich selbst macht und die Gruppe verläßt, die vorher alle Schuld für ihn trug. Einsicht in die Unausweichlichkeit dieses schuldhaft unvollkommenen eigenen Handelns ist zugleich anthropologische Notwendigkeit eines illusionslosen Menschenbildes wie klare Aussage der christlichen Erbsündelehre, die von dieser moralischen Wirklichkeit weiß.

So wird uns im Rückblick auch die Bedeutung des Schamgefühls in seinem ganzen Umfang deutlich: Es stammt nicht aus Unwissen und Verklemmung, sondern aus dem Wissen um die reale Wirklichkeit unserer verhüllenswürdigen moralischen

Nacktheit. Ein Höheres in uns blickt auf ein Niedrigeres in uns – nicht weil irgendein Körperteil oder irgendwelche natürlichen Antriebe an sich niedrig wären, sondern weil unser kulturelles Wollen, unser Wunsch nach Vollkommenheit, an ihnen seine Niederlagen erfährt.

Daher müßte Respekt vor dem verletzlichen Schamgefühl des anderen – vor allem der Jugendlichen – eins der obersten Gesetze der Pädagogik sein. Eine neue, schwere Gefährdung unserer Kultur und des Weges zur Mündigkeit besteht heute aber gerade darin, daß eine klotzige Sexualaufklärung kindliches Schamgefühl verletzen kann, ja es schließlich gar – erklärtes Ziel einiger besonders gefährlicher Neuerer – abschaffen will. Ein Wort von Sigmund Freud, das wir schon zitierten, mag hier nochmals als ernste Warnung gelten: »Abwesenheit von Schamgefühl ist ein sicheres Kennzeichen von Schwachsinn.« Vor moralischem Schwachsinn also gilt es heute Kinder wie Erwachsene zu schützen. Das Schamgefühl ist der angeborene Kompaß in jedem von uns, um hier die richtige Richtung nicht zu verfehlen.

Die richtige Richtung aber – wir nannten es den Weg zum mündigen Einzelnen – führt zum Ich. Wenn Sigmund Freud meinte, daß dieses »Ich« sich im Aufbruch aus dem »Es« seinen Ort unterhalb des »Über-Ich« erobern muß, um zeitlebens zwischen diesen Instanzen eingeklemmt in unsicherer und von beiden Seiten bedrängter Position sein Leben zu fristen, so stoßen wir hier an die entscheidende, tragische Grenze freudianischer Weltsicht. Das »Über-Ich« – die Gewissensinstanz also, die Schamgefühl und sittlich-asketische Kulturleistungen des Ichs ermöglicht – erscheint uns nicht als »internalisierter Vater«, als verklemmte Verbeugung vor einer widerwillig anerkannten Autorität. Wir haben gesagt, daß das Ich von oben gezogen werden muß, um die Kraft zum Verlassen der Es-Hülle zu finden, aber wir haben immer wieder betont, daß dieser Zug von oben aus einem geistigen Raum stammt und nicht aus der eigenen Brust und von den etwa dort versammelten Autoritäten. Von oben, das heißt: aus einer weiteren, bergenden Hülle, die dort zur Aufnahme des Ichs bereitsteht und die mit Teilhards Noosphäre und dem Geist-Begriff der Philosophie mehr zu tun hat als mit allen irdischen Autoritäten.

Vom Bild solcher bergenden Hüllen – einem der Grundbegriffe unserer Biologie der Kultur – führt dann auch ein Weg zu der Einsicht, daß letztlich nicht die Strenge von Autoritäten, sondern die vertrauenschenkende Liebe die Kraft ist, die den Weg zur Mündigkeit, den Mut zum Verlassen der alten und die Hoffnung auf die neue Hülle trägt. Erst mit dem Erreichen des Ich-Stadiums wird die personale Liebe zwischen Einzelnen möglich, nun aber wird sie zur gruppensprengenden und neuen hüllenbildenden Kraft. Im Romeo-und-Julia-Drama wird noch deutlich, welche neuen, alle bisherigen Normen sprengenden Kräfte frei werden, wenn Einzelne – erstmals nach hunderttausendjähriger Geschichte der Gruppen-Clans, die allein die Paarbildung bestimmten – sich als füreinander Bestimmte erkennen. Nicht ein Über-Ich im Freudschen Sinne, sondern das Schicksal, die Liebe selbst, Gott, werden sie für ihre Gemeinschaft verantwortlich machen und damit eine Kraftquelle der Selbstfindung erschließen, die sogar dem Tode standhält.

Was im alten Bild von der »Rippe« Eva schon angedeutet war – nämlich das Ein-Fleisch-Sein und die Wiedervereinigung des Getrennten in der personalen Liebe zweier Ichs – sprengt die Normen der Gruppe von nun ab überall, wo zwei solche Ichs in mündiger Selbstfindung zugleich auch den anderen finden und mit ihm zusammen selbst zu einer neuen Hülle werden. Deren Geborgenheit schenkende Kraft kann so groß sein, daß die »Sünde« gegenüber der verlassenen Hülle aufgehoben scheint. Und so wird der Weg zu eigener Mündigkeit zweier Liebender sich wechselseitig stützen und die Hülle ihrer Gemeinschaft, je mehr von der geistigen Kraft des »Oben« in ihr enthalten ist, um so sicherer bereits ein Vorgeschmack letzter bergender Hüllen des Geistes werden.

Aber auch im Blick zurück wird diese Liebe sich auswirken. Auch die Hülle, die notwendig verlassen werden mußte, wird dann in Liebe angenommen. Nicht Verachtung der Gruppe oder der Eltern, von denen der Einzelne sich ablöste, um er selbst zu werden, ist das Kennzeichen des Mündigen. Zwar wird es in seinem Leben vielleicht einmal die Etappe des totalen Rückzugs von allen früheren Bindungen geben – gewissermaßen das Stadium des Eremiten, der in der Einsamkeit der

»Wüste« wirklich und endgültig zu seinem Ich findet und zu dem überpersönlichen Sinn seines Lebens, der also oberhalb seiner selbst neue, rein geistigen Hüllen aufsucht, die ihn dann so verläßlich einbergen, daß er für sich und sein eigenes Wohl die Rückkehr zu den früheren Bindungen nicht mehr benötigt.

Aber gerade aus solcher äußersten Einsamkeit führt den Mündigen die Liebe zu den verlassenen Hüllen zurück – so wie Christus aus der Wüste und Zarathustra von seinem Berge zurückkehrte zu den Menschen. Das geschieht nicht aus Wehmut und Nostalgie, sondern das reif gewordene, in den Bereich des Geistigen hineingewachsene Ich nimmt nun seine Verantwortung für die anderen wahr, die er auf seinem Wege zurückließ. Der Weg des Mündigen schließt sich so zum Kreis: zwar ist er selbst erst durch seine Entfernung von der Gruppe zum Ich geworden, hat also die Gruppe durch seinen Auszug geschwächt, aber aus dieser anfänglichen Schwächung wird zuletzt deren Stärkung. Denn – um es mit Ernst Jünger (Eumeswil 1977) zu sagen –: »Ist diese Selbstentfernung geglückt, so läßt sich das Essentielle dem Akzidentellen wieder zuführen. Das ähnelt einer Impfung mit Eigenblut und wird zunächst sichtbar als Neubelebung des Körpers selbst.«

Das Wohlergehen dieses »Körpers«, aus dem er stammt, wird für ihn zu einer wesentlichen Bedingung seines eigenen Wohls. Seine persönliche Freiheit, deren er so sicher ist, daß er es nicht mehr nötig hat, sie durch Ungebundenheit zu demonstrieren – fällt daher aus Verantwortung und menschlicher Solidarität freiwillig wieder mit dem Ritual und den Normen der Gruppe zusammen. So wird die äußere Rückkehr in die Gruppe, das Respektieren ihrer Moral, zum sicheren Merkmal der Mündigkeit. Ja es entsteht in dieser mündigen Haltung zwangsläufig und in allen Hochkulturen die »goldene Regel«. Der »höhere Mensch trägt Verantwortung für die Mitmenschen« – so sagt schon 500 Jahre vor Christi Geburt der chinesische Weise Konfuzius – und fordert daher: »Füge keinem anderen zu, was du dir selber nicht wünschst.« Und seit 2000 Jahren mahnt auch uns das Evangelium: »alles nun, was ihr wollt, daß euch die Leute tun sollen, das tut ihr ihnen auch!« (Mt. 7,12).

11 Freiheit, Gesetz und Tod

Nach einem langen Weg durch die Kulturgeschichte und ihre Etappen, die jeder Einzelne von uns durchlaufen muß, damit dieser eigentliche Lebensraum des Menschen zur bergenden Hülle der Freiheit wird, die sich dann als neue Sphäre über das Gesetz wölbt, stehen wir wieder vor der Frage des Anfangs unserer Betrachtungen: Was ist diese Freiheit, was ist der »Geist, der sich den Körper baut«, wie sicher können wir auf ihn vertrauen?

Aber nicht mit leeren Händen stehen wir vor dieser Frage, sondern auf dem Wege, den wir durch die Kulturbiologie nahmen, hat sich immer wieder neu gezeigt, daß Kultur kein Irrtum, keine Illusion ist, sondern der durch geistige Leistung dem Naturgesetz abgerungene Raum der eigentlichen menschlichen Wirklichkeit. Der Aufbruch in diesen Raum – wir haben es oft betont – kann nicht aus eigener Kraft die Materie über sich selbst hinausgeführt haben, sondern es muß ein Zug von außen, ein Sog von oben in diese Materie und ihre Gesetze eingegriffen haben, damit die Noosphäre entstand, in der wir selbst, als die Wesen aus Materie und Geist, existieren.

Alle solche Ideen sind etwa ein Jahrhundert lang von einer sieghaft-aufklärerischen Naturwissenschaft heftig geleugnet worden – und noch gehört Mut dazu, in unserer Zeit als Biologe vom Geist und von Freiheit zu sprechen. Aber die extreme Position, in der Haeckel das Denken seiner Zeit markierte, ist überwunden. Wer würde heute als Naturwissenschaftler noch unterschreiben, was ihm vor einhundert Jahren als Höhepunkt möglicher Welterkenntnis, ja als Lösung der »Welträtsel« erschien: daß Geist und Bewußtsein ein Nebenprodukt der Hirnphysiologie seien, daß es eine »Seele« nicht gäbe, denn man müßte sie sonst in der nötigen Kälte als Seelenschnee niederschlagen können, daß Gott ein »gasförmiges Wirbeltier« sei, das infolge der modernen Aufklärungstätigkeit der Astronomen in extreme Wohnungsnot gerate, usw.?

Die Naturwissenschaft hat in den letzten hundert Jahren – in denen sie beständig weiterwuchs und zu ungeahnten Höhen der

Erkenntnis vordrang, weit hinaus über alles, was zu Haeckels Zeit gewußt oder nur erahnt wurde – einen gewaltigen Wandel in Richtung auf demütige Bescheidenheit in ihren Aussagen durchgemacht. Man glaubt nicht mehr »zu wissen, was die Welt im Innersten zusammenhält«, man löst keine Welträtsel mehr mit Weltformeln, sondern man versucht angesichts der ungeheuren Tiefen und Abgründe, die sich aufgetan haben, viel eher, die Welträtsel angemessen zu beschreiben, als daß man noch Hoffnung hätte, sie zu lösen. Was in der Atomphysik, in der Biologie und in der Astronomie sich an Rätseln – an Paradoxa, an für den menschlichen Verstand oder gar für das Anschauungsvermögen unauflösbaren Widersprüchen – auffinden läßt, führt zu dieser neuen, für die heutige Naturwissenschaft kennzeichnenden Bescheidenheit, die sich – weit entfernt davon, die Welt zu erklären – damit begnügt, Meßergebnisse widerspruchsfrei miteinander zu verknüpfen und neue Meßergebnisse vorauszusagen, zugleich aber auch einzusehen, daß die Grenzen des Meßbaren nicht die Grenzen der Welt sind. In Goethes Forderung »Naturgeheimnis werde nachgestammelt« liegt das vorweggenommene Fazit dieser Bemühungen.

Was ist Materie? Was ist Gesetz? Werner Heisenberg – vielleicht seit der Antike einer der tiefsten Denker unter den Naturforschern – hat es schließlich so formuliert: »Materie ist der Geltungsbereich der Naturgesetze.« Dieser Satz enthält eine ungeheure Brisanz, denn er bestätigt uns zugleich, was die Hoffnung auf Freiheit immer verlangte: Es gibt einen Bereich außerhalb der Gesetze, es gibt den Geist und seine Freiheit. Daß beide in der Naturwissenschaft nicht vorkommen – daß Virchow in den sezierten Leichen die Seele nicht fand und die russischen Astronauten Gott nicht hinter dem Mond –, besagt also nichts über die Existenz dieser Begriffe, sondern nur etwas über die Beschränktheit naturwissenschaftlicher Methoden. Als man sich einst – mit Galilei – entschloß, das Meßbare zu messen, und das Unmeßbare meßbar zu machen, überschätzte man die Möglichkeit der Naturwissenschaft gründlich. Die Atomphysik lehrt uns heute in schmerzlicher Deutlichkeit – was leider bisher erst eine Minderheit unter uns begriffen hat –:

Es ist nicht alles meßbar, vielleicht ist das Meßbare nur ein kleiner, vielleicht gar nur ein winziger Ausschnitt aus der ganzen Fülle der Wirklichkeit.

Und das heißt dann: Materie und das Naturgesetz, das in ihr gültig ist, sind nur ein Teil der Wirklichkeit, vielleicht nur ein Spezialfall einer umfassenderen Wahrheit, die selbst eben nicht Naturgesetz ist. Mit dem Wort Freiheit und Geist sind wir dieser anderen, größeren Wirklichkeit auf der Spur. Und wir, die Menschen der mental-integralen Bewußtseinsstufe unserer Kulturepoche, sind die »Bürger zweier Welten«, die in Materie *und* Geist, in Gesetz *und* Freiheit zugleich existieren, sind in dieser Doppelnatur damit zugleich der »Schlüssel zum Kosmos«, wie Teilhard de Chardin es meinte.

An unserem kennzeichnenden Merkmal, der Sprache, wird diese Doppelnatur deutlich und damit das Zusammenspiel von Gesetz und Freiheit, von Materie und Geist in unserer Existenz. Denn unsere Sprache ist nicht lediglich tierische »Stimmfühlung«, auch nicht lediglich Information über Sachverhalte, wie es die Vielzahl tierischer Zeichen und Laute auch sein kann, sondern sie ist – wie wir sahen – »Ausdruck der Gedanken« und damit wie diese Gedanken selbst eine Erscheinung außerhalb, oberhalb des Naturgesetzes. Wenn man einmal vereinfachend meinte, das typisch menschliche Sondermerkmal der Sprache sei die Benutzung von Symbolen – was die Fähigkeit ihrer Übersetzung, also ihres Verstehen voraussetzt –, so lehrt uns heute die experimentelle Verhaltensforschung, daß wir hier dem Tier zu wenig zutrauten. Auch die gelehrige Schimpansin Sarah beim Verhaltensforscher Premack in den USA lernte es, mit Symbolen umzugehen, sie zu verstehen. Bunte, bizarr geformte Holzscheiben signalisieren ihr den Befehl: »Nimm den Apfel und lege ihn in den Eimer, nimm die Banane und iß sie!« Aber solche kombinatorischen Kunststücke intelligenter Affen sollten uns nicht irre machen in der Grundeinstellung, daß die Sprache erst beim Menschen den Freiheitsgrad erreicht, der deutlich oberhalb des Naturgesetzes Gedanken zum Ausdruck bringt. Bei allen noch so erstaunlichen Leistungen von Affen – im Labyrinth, bei Benutzung der Taubstummensprache oder beim Umgang mit Wortsymbolen –

gilt doch, was Goethe seinen Faust angesichts des schwarzen Pudels ausrufen läßt:

Ich finde nicht die Spur
von einem Geist, und alles ist Dressur!

Solche Dressuren sind zwar stets faszinierende Beispiele für die Überwindung des Gesetzes durch die Freiheit, aber es ist der Geist des Menschen – des Dresseurs oder des experimentierenden Biologen –, der hier über die Materie, über das im Gesetz gefangene Tier triumphiert. Selbst wenn er es dabei zum Ausdruck seiner Gedanken, zum absoluten Werkzeug macht, es sind eben doch *seine* Gedanken, es bleibt *sein* Geist, der sich hier zeigt.

Das Rätsel der Persönlichkeit, das »tief geheimnisvolle Ich«, das wir als den Kern der neuen, der menschlichen Dimension oberhalb der Natur erkannt hatten, leistet allein – und im Gegensatz zu allen Tieren – den Umgang mit Sprache im Sinne des Umgangs mit Symbolen, die von ihm nicht nur verstanden, sondern selbst geschaffen werden! Nicht, daß wir Sprache erlernen und nachsprechen können, ist also das eigentlich Erstaunliche, sondern daß sie vom Menschen gebildet und immer weiter ausgebaut und fortgeführt wird. Wieder können wir feststellen, was am Beginn ganz allgemein für Evolutionsstufen gesagt wurde: Niemand, auch der größte Kenner aller Naturgesetze der Welt nicht, hätte angesichts der ersten Laute einer menschlichen Ursprache voraussagen können, daß sich daraus einmal die Fülle der heutigen Sprachen und der Inhalt, den sie in allen Nuancen auszudrücken vermögen, entwickeln würde. Es gibt keine solchen Naturgesetze – *außerhalb* ihres Wirkungsbereiches (und das heißt nach der Heisenberg-Definition, die wir eben zitierten: außerhalb der Materie) liegt die Wirklichkeit des Ich-Bewußtseins, der Gedanken und der vom Menschengeist geschaffenen Sprachen, in denen sich diese Gedanken ausdrücken.

Wenn wir den Mut zu dieser klaren Unterscheidung von Geist und Materie einmal gewonnen haben, wird auch ein Weiteres unausweichlich klar: Geistige Ereignisse – zu denen jeder bewußte Gedanke eines Ichs gehört – haben keinen uns erkennbaren, naturnotwendigen Ursprung und ebensowenig ein erkennbares Ende: sie stellen sich nach ihren eigenen Gesetzen ein in unserem Bewußtsein, ohne daß es uns möglich wäre, irgend etwas über die Form und Dauer ihrer Existenz auszusagen. Wo bleibt ein Gedanke, wenn wir ihn nicht mehr denken, ein Wort, wenn wir es gesprochen haben? Wo bleibt unser Ich?

Wer die sichere Antwort auf diese Fragen wüßte, wer etwa gar beweisen könnte, was wir doch hoffen, nämlich daß der Geist und mit ihm jeder Gedanke unvergänglich, unsterblich wäre, der hätte den Stein der Weisen entdeckt. Aber diese Hoffnung selbst, dieses Gespür dafür, daß Persönlichkeit – konkreter Geist in seiner speziellen Ausformung – unvergänglich sein müßte, weil doch die Naturgesetze und damit die Vergänglichkeit für sie nicht gelten, liegt in uns allen bereit.

Daß Anlaß zu solcher Hoffnung besteht, kann uns die Sprache selbst zeigen. Denn sie ist ja *auch* Ausdruck der Persönlichkeit, sie kann *auch* zu einem Instrument werden, in dem das Besondere eines Ichs seine unvergängliche Form gewinnt. Was der alternde Faust so wie die pyramidenbauenden Pharaonen von irdisch-materiellen Werken aus Stein erhofften – »Es kann die Spur von meinen Erdentagen nicht in Äonen untergehn« –, das ist in der sprachlichen Überlieferung tatsächlich gegeben. Die »Odyssee« ist ja nicht nur die gesammelte Information über die »Taten des vielgewanderten Mannes«, sie ist zugleich der unvergängliche Ausdruck einer Persönlichkeit, die wir Homer nennen, die vor etwa 3000 Jahren gelebt hat und deren persönlicher Sprachstil den Text so deutlich prägt, daß man sogar heute noch zu beurteilen versucht, ob ein anderer Text aus der gleichen »Feder« stammen könnte oder nicht.

Doch sicher sind wir nicht – hat wirklich dieser gleiche Homer vorher auch die »Ilias« erzählt und weitergegeben? Hier gibt es erbitterte Kämpfe unter den Fachgelehrten,. und vielleicht ist dann die endgültige Lösung so ähnlich wie bei dem Mann Moses, der die ersten fünf Bücher der Bibel überliefert haben soll. Man hat mit Stilanalyse längst eine Reihe von »Quellen« unterschieden – der Jahwist hat einen anderen Redestil als der Elohist, der Deuteronomist oder der »Priester«. Aber dies eben ist das Phänomen, das uns hier interessiert: daß es einen persönlichen Stil überhaupt gibt, daß auch nach Jahrtausenden noch in einer fast verschollenen Sprache, die dem Ausdruck der Gedanken dient, zwei Persönlichkeiten unterscheidbar bleiben!

Keine zwei Menschen also – durch die Jahrtausende und über die Kontinente –, deren Gedanken gleich, deren Ich identisch wäre, sondern überall unverwechselbare Einmaligkeit, die von ihrer Unvergänglichkeit ahnt und sich in ihrem eigenen Sprachstil manifestieren kann. Das ist die Erscheinungsform des Geistes und der Sprache als Ausdruck seiner Gedanken. Aber dennoch: Worte sind in den Wind gesprochen, und »der Geist weht, wo er will«. Wenn andere diese Worte nicht aufnehmen und überliefern, bleiben sie für uns nicht greifbar. Ein besonderer Glücksfall nur kann die Sprache, die Gedanken eines Einzelnen über die Jahrtausende erhalten, und wir wissen am Ende einer solchen mündlichen Überlieferung nicht, wieviel an ihr sich auf ihrem Wege veränderte. Die Person, die dahinterstand, schaut für uns nicht mehr erkennbar heraus. Homer soll blind gewesen sein – doch wir werden es nie verläßlich erfahren.

Erst mit der Erfindung der Schrift wird das Stadium erreicht, in dem sich entgegen allen Gesetzen der Natur der menschliche Geist einen unvergänglichen Ausdruck seiner Gedanken schafft. Uns ist heute die Schrift – das gedruckte Wort – eine Selbstverständlichkeit, und doch stellt sie die folgenschwerste und bedeutendste kulturelle Errungenschaft überhaupt dar: Mit ihr nimmt der Geist erfolgreich den Kampf mit der Vergänglichkeit seines Substrats auf, mit ihr gewinnt der Mensch die Möglichkeit, über seine irdische Existenz hinaus in die Gegenwart und Zukunft der Kultur zu wirken und damit in eine Dimension, die oberhalb aller Gesetze der Biologie liegt.

Am Anfang war es die Information, der man Dauer verleihen wollte – nicht viel anders als mit dem Steinhaufen des Grabhügels, der den Ort markiert, der unvergessen bleiben soll. Vor etwa zehntausend Jahren – so vermuten die Archäologen – erfand man in der Gegend des heutigen Iran Tonfiguren als Symbole für Handelswaren – für Öl, Vieh, Früchte – und gab sie in versiegelten Tonballen als »Lieferscheine« dem Warentransport bei. Später ging man dazu über, die Symbole nur noch in weichen Ton abzudrücken und die Tafel dann zu brennen. Aus diesen Bildzeichen hat sich im dritten Jahrtausend vor Christus die Keilschrift entwickelt, und damit wird die schriftliche Fixierung von Informationen, Befehlen, Gedanken möglich. Die Hieroglyphen der Ägypter, die Buchstaben der Griechen, die Silbenzeichen der Chinesen entwickelten sich nach dem gleichen Schema der zunehmenden Abstraktion, also Vergeistigung: ein Abbild des Gegenstandes oder des auf ihn weisenden Gedanken am Anfang, dann immer vereinfachtere Umrisse oder Symbole und schließlich die Endform, in der der geschickte Eingeweihte – der Schreiber und Leser – alle Inhalte des menschlichen Geistes in die Materie bannt und so aus der Flüchtigkeit in die Festigkeit überführt.

Nun braucht man nicht mehr Homer oder Moses zu sein, um Unvergängliches und Unverwechselbares zu stiften. Jeder, der heute die Schrift benutzt und in ihr eine gewisse Geläufigkeit erlangt, zeigt schon im Bild der ausgeschriebenen Handschrift so unverwechselbar sich selbst an, daß der Graphologe ihn unter Tausenden ähnlicher Schriften, ja selbst in der Verstellung wiedererkennt und sogar Aussagen über den Charakter wagt. Und mag er sich dabei auch irren – feststeht, daß die Handschrift, die in vergilbten Briefen nach Hunderten von Jahren von einem längst verstorbenen Schreiber übrig bleibt, uns durch die Zeiten hindurch grüßt als Spur des Geistes, der sie prägte, als er sie schrieb, und der in ihr die Zeit überwand.

Doch ist die Handschrift nur das Äußere, auch dies zwar dem Gesetz der Vergänglichkeit nicht mehr zwingend unterworfen, aber sie ist ja darüber hinaus auch ihrem Inhalt nach an die Stelle der Sprache getreten, ist Ausdruck von Gedanken und damit in feste, bleibende Form geronnener Geist. Noch einmal sei es betont, weil wir allzuleicht das Selbstverständliche unterschätzen: Die Schrift ist eine entscheidendere kulturelle Stufe als alle uns heute noch sensationell erscheinenden technischen Erfindungen. Radio, Fernsehen, Auto, Eisenbahn und Flugzeug verändern zwar die örtlichen und zeitlichen Grenzen und Reichweiten unseres gegenseitigen Kontakts – die Schrift aber, die in Briefen, Aufzeichnungen und Büchern an die Stelle des vergänglichen Hauchs der Sprache tritt, bringt die Vergangenheit in die Gegenwart herein und öffnet beide für die Zukunft. Sie erst macht aus der menschlichen Kultur das Phänomen der Noosphäre, in der sich – anders als für alle Naturwesen – für den Menschen das Gesetz des »Jetzt und Hier« der Gegenwart in die Freiheit des »Gestern, Heute und Morgen« öffnet.

Die Tradition, also der Mechanismus, der im Raum der Kultur an die Stelle der Vererbung in der Natur getreten ist und sie möglich macht, ist nun nicht mehr auf die bescheidene Kapazität der persönlich-unmittelbaren Weitergabe der Kulturtechniken angewiesen, sondern der ganze Gedankenstrom menschlichen Geistes kann durch die Jahrhunderte hindurch weiterfließen und beständig anwachsen. Immer weniger ist dabei ein Abreißen der Tradition möglich, denn aus dem Meer der verläßlich in der Schrift überlieferten Tradition der Gedanken kann jeder trinken, der den geistigen Durst dazu verspürt. Und alles, was sich im Einzelnen an Gedankengut regt, kann er wie in einer Flaschenpost dem Zeitenstrom anvertrauen, selbst wenn keiner ihm in der Gegenwart zuhören sollte. Irgendwann darf er hoffen, gehört zu werden. So schießen die Milliarden Gedankenfäden der Menschheit – ihr Fühlen und Leiden, ihr Träumen und Hoffen – zu einem Gewebe zusammen, das wie die Akasha-Chronik der indischen Gnostik den ganzen Schatz des menschlichen Geistes bewahrt und verfügbar macht – eine geistige Hülle, in der auch der Einsamste noch Geborgenheit finden kann.

Wie kostbare Juwelen blitzen in diesem Gedankengewebe die Träger des Geistes auf, eben die Einzelnen, die Millionen Ichs, die diese Gedanken dachten und mehr sind als sie. Das Unwahrscheinlichste, das am wenigsten Voraussagbare aller Resultate der biologischen Evolution, die Persönlichkeit, oder sagen wir es schlicht und in der ganzen Bedeutung des Wortes: der G e i s t des einzelnen Menschen, als der jeder von uns weit oberhalb der biologischen Art, oberhalb auch der bergenden Gruppe, er selber ist, kann kein Hirngespinst sein, keine Illusion, die mit ihrem Träger wieder vergeht, wenn doch die Spuren dieses Geistes im Raum der Kultur unabhängig und selbständig weiterwirken in Schriftzeichen und Druckwerken.

Und noch einmal sei es betont: Es braucht kein Homer, kein Platon und kein Kant zu sein, dessen Geist seine Spuren hinterläßt – am Echo, das ein Ruf in der Weite findet, sind ja auch die Bergwände schuld, die ihn zurückwerfen, nicht allein die Lautstärke des Rufers. Jedes Ich, dem die Sonderung zum selbständigen Geist im Lauf der Kulturgeschichte gelang, jeder von uns also, sendet einen solchen Ruf aus, denn die Persönlichkeit, das Ich selbst, ist dieser Ruf der Einmaligkeit, dessen Inhalt ein Stück unverwechselbaren Geistes bedeutet.

Wo keine Bergwände den Ruf aufnehmen und mächtig durch die Zeiten als Echo zurückwerfen, da ist es vielleicht nur einer oder sind es wenige andere Ichs – Widerhall aber, also Erkennen und Verstehen, gelten im Bereich des Geistes jedem Ruf; denn wie im Gesetz der Materie letztlich alles durch Massenanziehung zusammengehört und eins ist, so im freien Raum des Geistes durch Affinität.

In der persönlichen Liebe wird dieses Erkennen der Einmaligkeit des Einzelnen immer wieder und besonders deutlich als Kern und Quelle des Glücks erlebt. Hier zumindest klingt das Echo auf, das dem Ich auf seinen Ruf in die Welt hin den bergenden Trost der Antwort bringt. Ob wir an die Mutter-Kind-Dyade denken, an tiefe Freundschaft oder an partnerschaftliche Liebe – für alle diese weit über die biologischen Notwendigkeiten hinausragenden geistigen Vorgänge zwischen einzelnen Ichs gilt, daß die Liebenden gewissermaßen füreinander »hellsichtig« werden, das heißt ihre kostbare Einmaligkeit erkennen und damit das übermaterielle, eben das geistige Ereignis, das jeder von uns darstellt und das jeden von uns weit über die Gesetze der Natur und ihrer Vergänglichkeit hebt.

In dieser Sicht erweist sich schließlich auch die Schrift und die durch sie errungene Unvergänglichkeit nur als ein Symbol für eine noch tiefere Begründung der Gewißheit Faustens: »Es kann die Spur von meinen Erdentagen nicht in Äonen untergehn!« Im Netzwerk des gegenseitigen liebenden Erkennens und Bewahrens ist jeder von uns aufgehoben in einer geistigen Hülle, in der die irdischen Zeitgesetze nicht gelten. Die Liebenden aller Zeiten haben es geahnt – und die schließlich erreichte

Kulturstufe der Ichwerdung hat es uns weit oberhalb des Raumes der Biologie möglich gemacht, bewußt so zu fühlen, daß tiefe geistige Begegnung etwas mit Ewigkeit zu tun hat und ihrem Wesen nach den Gegenentwurf zu aller Vergänglichkeit bedeutet.

Aber dieses Ich als geistige Instanz oberhalb der Naturgesetze wird nicht nur erkennbar in seinem Sein, sondern es ist Wirklichkeit, weil es wirkt. Was in den alten Mythen als Kennzeichen Gottes, also des reinen Geistes geschildert wird – die schöpferische Tätigkeit, die aus der Materie neue immaterielle Qualitäten herausformt –, gilt auch als Kennzeichen für den Menschengeist, dem ja nach dem großen Bild am Anfang der Bibel ein Hauch göttlichen Schöpfergeistes bei seiner Erschaffung eingeblasen wurde.

Warum sollten wir diese Botschaft nicht ernst nehmen? Sie beschreibt in mythischer Bildersprache die Tatsache, die auch unser mental-rationales Bewußtsein auf seine Art erkennen muß: Der Mensch hat eine geistige Fähigkeit, die kein Naturwesen besitzt und die ihn mehr als alle anderen auszeichnet und abhebt – er kann schöpferisch wirksam werden. Aus Materie und ihrem Gesetz kann er geistgeprägte Form machen, die von einer Freiheit kündet, die über aller Materie steht. Als vor mehr als 30000 Jahren die ersten Tonfiguren von den Cro-Magnon-Menschen geformt und die ersten Bilder an die Höhlenwände gemalt wurden, war dieser Raum geistiger Freiheit erreicht, der den Tieren für immer verschlossen bleibt. Diese Menschen schufen Werke ihres Geistes, sie bliesen den Hauch ihrer Gedanken, Wünsche, Hoffnungen in den Lehmkloß und wurden so zu Mitarbeitern an einer Schöpfung, in der es der Geist ist, der sich den Körper baut – in der es die Freiheit ist, die dem Gesetz seine Form aufzwingt.

Die Kunst ist seither in allen ihren Manifestationen das verläßlichste Zeichen menschlicher Kultur. Wir wollen es den Experten überlassen, den Kunstbegriff so einzuengen und zu monopolisieren, daß unendlicher Streit über Geschmack und Gehalt zwischen tönernem Gartenzwerg und dem Kasseler Bohrloch einen schmalen Sektor ausfindig macht, in dem die offizielle, die »echte« Kunst zu Hause ist. Im weiten Blick einer

Biologie der Kultur soll für uns alles das »Kunst« heißen, was unverwechselbare Schöpferkraft eines Einzelnen der Materie abringt und was den Betrachter etwas spüren läßt von der Einmaligkeit der Person, die hier zum Schöpfer wird. Doch bleibt das Motiv noch wichtig: Wo Schöpfertum nur imitiert, wo Willkürliches angehäuft und damit Beachtung provoziert wird – wo beim Betrachter der überaus peinliche, dem Anspruch jeden Ichs entgegengesetzte Eindruck des »Das kann ich genauso« entsteht –, ist der Anspruch verfehlt. Überall aber, wo sich ein Mensch ernsthaft bemüht, ein Stück Materie zum Ausdruck seiner geistigen Schöpferkraft zu machen, und wo es ihm gelingt, Schöpfer zu werden, der in seinem Geschöpf erkennbar bleibt, da wiederholt sich das Schöpfungswunder der Weltentstehung.

Dieses Wunder – hinter dem das Geheimnis des Ichs steht – ist in der Kunst viel greifbarer als in der Technik. Auch sie bedeutet den Eingriff von Gedanken, von Geist in die Materie, doch fehlt der Stempel des Persönlichen in dem Maße, in dem der praktische Zweck an die Stelle der Selbstdarstellung tritt. Zweck – Machen – Beherrschen, das sind, wie wir früher sahen, eigentlich magische Strukturen, in denen die Personalität noch zurücktritt oder das Ich noch gar nicht ausgebildet zu sein braucht. Man braucht nicht aus der Gruppe herausgetreten, kein »Andersdenkender«, kein Ich zu sein, um das Rad, um Pfeil und Bogen zu erfinden oder Grabstock und Pflug. Hier können kollektive geistige Kräfte der Gruppe oder der ganzen Kultur wirken. »Die Erfindung lag in der Luft«, sagt man dann und wundert sich nicht, daß sie an mehreren Stellen gleichzeitig auftritt. Später muß ein Patentamt die Prioritäten klären, und die Historiker erforschen, wer das Pulver erfunden hat. Aber hätte jemals die Mona Lisa oder die 9. Symphonie »in der Luft gelegen«? Technik ist ein Ausdruck der Gesellschaft, und sie wird daher auch für sie zum Problem, wie uns das letzte Kapitel zeigen wird.

Kunst aber ist Ausdruck der Einzelnen, Selbstdarstellung des Ichs, und trägt daher das Kennzeichen der Unverwechselbarkeit. Daher gibt es den »Stil« als den Ausdruck gelungener Selbstdarstellung eines Ichs. Aussage über die Welt unter dem unverwechselbaren Stempel eines Ichs, das erwarten wir von allen Kunstwerken. Ein neu auftauchendes Bild dem Rubens, dem van Gogh, dem Rembrandt zuzuordnen, das ist nicht sehr schwer – wer diese Künstler in einigen ihrer Werke kennenlernte, wird sie immer wieder erkennen. Es bedarf nur geringer Übung, um gerade im Bereich der Musik einen bestimmten Menschen als den Komponisten zu erkennen – schneller und auf größere Entfernung, als man ihn im Leben erkannt hätte. Und so wird gerade hier in der Kunst noch einmal besonders deutlich, was von uns nun schon mehrfach als Kennzeichen des Geistes beschrieben wurde: unabhängig von den Gesetzen der Vergänglichkeit und der Materie kann er sich darstellen und bleibend manifestieren in einem eigenen Raum der Noosphäre, die sich weit über die Notwendigkeiten und Gesetze der Biosphäre erhebt.

Aber auch dies muß wiederholt werden: Nicht nur große Kunst ist Kunst, nicht nur »unsterbliche Künstler«, wie wir sie gerne nennen, sind schöpferisch tätig und stellen damit den Geist über die Materie. Jede Gestaltung, die mehr als einen technischen Zweck im Auge hat, kann zum Ausdruck menschlichen Geistes werden und ihn zum Mitschöpfer an einem Reich der durchgeistigten Formen machen. Man spricht ja wohl auch von Volkskunst, von naiver Kunst, ja sogar von Gartenkunst oder Kochkunst. Aber das alles trifft noch nicht den Kern der Tatsache, daß überhaupt alles, was ein Mensch in seiner Umwelt gestaltend um seiner selbst willen – aus Freude am Werk, an der Schönheit, am Gelingen – schafft, in diesen Bereich der Kunst gehört, die den schöpferisch tätigen Geist des Menschen heraushebt aus der Zweckmäßigkeit des nur Praktischen. Kunst ist, was jeder von uns auf seine Weise, als schöpferische Spur des Geistes in der Materie hinterläßt – und wenn es nur die Anordnung eines Blumenstraußes in einer Vase oder einige Töne aus einer Rohrflöte wären.

Doch müssen wir noch eines hinzufügen, um das Wesen der Kunst zu begreifen: nicht die Spur des Geistes in der Materie ist schon diese Kunst, sondern die Materie selbst bleibt stets nur ihr Mittel, um von Geist zu Geist zu wirken. Nicht die Schwingungen, zu denen der Komponist und der Virtuose das Holz und den Katzendarm, das Elfenbein und das Blech anregen, sind schon Musik, sondern erst im Gemüt des Hörers, das von diesen Schwingungen der Luft ergriffen wird, schließt sich der magische Bogen zum Künstler und läßt in dieser Verbindung Ruf und Echo geistiger Personalität als Kunst aufklingen. Und in dieser Verbindung vom Künstler zu dem, der seine Botschaft versteht und wiederklingen läßt, erfüllt sich auch die Verheißung der Affinität, die im Geistigen herrscht: »Du gleichst dem Geist, den du begreifst!« Nicht, daß wir selbst ewige Kunstwerke schaffen, ist notwendig, um unseres eigenen Geistes inne zu werden, sondern, daß wir sie begreifen – daß wir von ihnen ergriffen und damit zum Echo und zum Ziel der Botschaft werden können.

Wenn wir aber bis zu dieser Erkenntnis gelangt sind, dann gilt es, noch ein weiteres Gesetz des Geistigen zu erfassen. Die Kunst, als geistige, schöpferische Verbindung zwischen Personen, darf dann nicht nur eingeteilt werden in echt oder unecht, in »wahr« oder »kitschig«, oder wie immer die Experten des Stils den Wert eines Kunstwerkes bemessen, sondern es muß deutlich werden, daß im Bereich des Geistigen erst die Einteilung in Gut und Böse die wirklichen Qualitätsunterschiede ausmacht. So wenig alle Materie böse ist, so wenig ist aller Geist gut, sondern das moralische Spannungsfeld dieser beiden Pole zieht sich durch das gesamte Sein des Menschen – und wohl nicht nur durch seines –, seit seine Bewußtseinsentwicklung den Punkt erreichte, der im biblischen Bild vom Sündenfall angedeutet ist. Der Mensch ist böser Gedanken fähig, wer wüßte das nicht? Aber das bedeutet: auch was er schöpferisch wirkt, kann böse sein.

Kunst – wie wir sie hier definiert haben – ist nicht neutral, sie geschieht in einem moralischen Raum und kann daher ebenfalls gut *oder* böse sein. Wo sie dem Ausdruck der kulturellen Entwicklung in der Dimension der Freiheit und Liebe dient (wo sie »edel« ist, wie man einmal sagte, als man sich solcher Worte noch nicht schämte), wo die schöpferische Gestaltungskraft des Künstlers (also eines menschlichen Geistes) ein Stück des Weges nach oben vorzeichnet, den andere, die ihm folgen, mit ihm gehen – da ist Kunst gut. Aber wo ein Mensch seine

Gestaltungskraft im Geist mißbraucht zur Erweckung eines Echos aus dem Niedrigen im Beschauer oder Hörer, wo Verführung und Rückfall in das Gesetz der Antriebszwänge das Ziel der geistigen Gestaltung sind, da kann die Kunst böse sein und schlecht, kann vielleicht sogar mit dem Wort dämonisch bezeichnet werden.

Wir haben erkannt, daß es den Geist – den Raum außerhalb des Wirkungsbereiches der Naturgesetze – in unserem Ich gibt. Wir haben auch gesehen, daß die Dimension, in die dieser Geist wirkend und schaffend hineinreicht, mit oben und unten, mit Gut und Böse zu tun hat. Nun bleibt ein Letztes zu erkennen, bei dem freilich der Naturwissenschaftler endgültig die Grenze überschreiten muß, innerhalb deren er mit Beweisen der Meßbarkeit und Wägung auf das Prestige seiner Wissenschaft gestützt und damit abgesichert wäre. Aber das Überschreiten von Grenzen der Meßbarkeit ist nun einmal der Preis für den Eintritt in die Bezirke außerhalb der Naturgesetze, und so muß dieser Preis erbracht werden, wenn wir nicht einfach schweigen wollen von dem, was unserem Geist am wichtigsten ist, nämlich von ihm selbst und seiner Wirklichkeit. Es muß dann klar werden, daß wir diesen Geist, der wir sind, nicht selber geschaffen haben, daß er sich nicht von selbst in unserem Gehirn ereignet und daß wir uns und unsere ganze Kultur nicht am eigenen Schopf aus dem Sumpf gezogen haben können!

Was ein selbstgefälliger Humanismus aus eigener Kraft erbringen möchte, entlarvt sich solcher demütigen Einsicht in die Wirklichkeit als Geschenk, das von außen kommt. Kultur muß gestiftet werden – so hatten wir ganz am Anfang dieses Buches schon betont. Geist muß uns eingehaucht und verliehen werden aus einer Dimension, die wir als oben bezeichnen. Was die Mythen in deutlichen Bildern unserem mythischen Bewußtsein als Götter und Dämonen schilderten, was als Religion im Sturm der Aufklärung unseres mentalen Bewußtseins entmythologisiert wurde und sich als Paradoxon aufzulösen oder als Geheimnis zu verbergen schien, das kann endlich im integralen Bewußtsein unserer Zeit wieder neu als Wirklichkeit ergriffen werden. Daher sind viele nachdenkliche Naturwissenschaftler, vor allem Physiker, in unserer Zeit der Religion wieder sehr nahe gerückt, und wir begreifen neu die Botschaft des Mythos, vor allem aber die unauslotbaren Tiefen der Evangelien, deren tiefstes es uns schon im ersten Satz versichert, was alle Naturwissenschaft übersteigt: »Am Anfang war der Logos.«

An dieser Stelle angelangt, können wir schließlich einen Blick auf den Tod werfen, der Inbegriff aller Naturgesetze und Prüfsteine für die Wirklichkeit und Freiheit des Geistes ist. Bringt er das Ende aller Illusionen des Geistes über sich selbst, über seine Unvergänglichkeit? Ist mit dem Tode alles aus? Wir haben uns dieser Frage zu stellen, die als permanente Drohung hinter allem Leben und aller Kultur steht. Und wir können uns ihr nach allem, was uns in diesem Kapitel als Gewißheit deutlich wurde, mit Gelassenheit stellen.

Wir wissen, daß Naturgesetze und damit Tod und Vergänglichkeit nur in der Materie gelten, aber wir wissen auch, daß unser Kern, unser Ich, nicht Materie ist, sondern Geist. Wenn unser Leben endet und der Leib dem Gesetz der Natur anheimfällt, warum sollte dann nicht weiterhin der Rhythmus gelten, der uns im Leben von Hülle zu Hülle trug im Wachsen und stets neuen Einbergen? Warum sollte der Tod nicht eine weitere Geburt sein, in der der Leib und das Leben als Hülle gesprengt werden, um unseren Geist für eine neue, letzte Hülle freizugeben? Wir dürfen darauf vertrauen, daß unser Leben einen Sinn und unser Weg ein Ziel hat, und darum ist uns alle Hoffnung erlaubt.

12 Die Noosphäre als Hoffnung

Durch alle Stadien seiner möglichen kulturellen Entwicklung haben wir den Einzelnen in den vorangegangenen Kapiteln verfolgt – aus der Bergung in der Gruppe bis zur Entfaltung des mündigen Ichs, ebenso wie von seiner Geburt bis zu seinem Tod. Immer wieder hatte sich gezeigt, wie der Weg aus dem Naturgesetz in die Freiheit durch die asketische Anstrengung führt, die vom Geist als kulturstiftende Leistung, entgegen der Schwerkraft der Materie, erbracht wird. Aber es war doch zugleich immer klar, daß nicht der Einzelne allein der Träger der Kultur ist, sondern daß die Gesamtheit dieser Einzelnen, die sich erst als Gruppe, dann als Kultur- und Sprachgemeinschaft, als Volk und als Gesellschaft darstellt und dabei jeweils bergende Hülle der Einzelnen bleibt, ihre eigene Kulturgeschichte hat und damit auch auf das Schicksal des Einzelnen zurückwirkt.

Dies gilt vor allem für unser Jahrhundert, in dem die ehemals getrennten Einzelkulturen deutlich immer mehr zur globalen Struktur einer Gesamtmenschheit zusammenwachsen. Zwar ist diese Menschheit gegenwärtig schärfer denn je in Machtblöcke getrennt und läßt auf politischer Ebene noch alle Einheitlichkeit und Solidarität vermissen, aber der Zustand der modernen Zivilisation bringt es doch unaufhaltsam mit sich, daß Technik und Wissenschaft, politische und moralische Anstrengungen ebenso weltweites Ausmaß annehmen, wie es die letzten Weltkriege taten. Es gibt – von wenigen isolierten Urwaldbewohnern abgesehen – heute keine unabhängig voneinander sich entfaltenden und entwickelnden Kulturen mehr, sondern das Netzwerk der geistigen und materiellen Verbindungen zwischen den ehemals getrennten Hüllen ist so eng geworden, daß es in vielen Beziehungen sinnvoller ist, von der »Menschheit« zu sprechen als von einzelnen Kulturen. Wo eine Ideologie alle Menschen zugleich zu erfassen sucht, wo ein Buch, ein Lied, eine Melodie »um die Welt« geht, wo eine Milliarde (also immerhin ein Viertel aller lebenden Menschen) im gleichen Augenblick ein Fußballtor miterlebt, das über Satelliten ins

Haus auf den Bildschirm gefunkt wird – da hat sich oberhalb aller Einzelgruppen über den Menschen und ihren milliarden Ichs eine neue bergende Hülle gewölbt, in der sie – bei aller Unterschiedlichkeit, bei Krieg, Not und Haß – doch »alle eins« sind.

Es ist das Evolutionsstadium angebrochen, das Teilhard de Chardin die Noosphäre nannte, eine über der Biosphäre befindliche neue, höhere Schicht von Wirklichkeit, die den Planeten überzieht. Die Natur – als das »werdende Ich«, wie Schelling es nannte – ist nun in dieser Sphäre zum Bewußtsein gelangt, und damit ist im Prozeß der Kulturbiologie ein Stadium erreicht, das alle vorangehenden Evolutionsstufen übersteigt.

Wiederum muß der Biologe feststellen: Kein noch so kenntnisreicher Wissenschaftler hätte es angesichts der vielen menschlichen Kulturen und der sich in ihnen entwickelnden Ichs voraussehen können, daß sich in einem gewaltigen Qualitätssprung die ganz andere Dimension einer geistig miteinander verbundenen Gesamtmenschheit entwickeln würde, die den Erdball umspannt. Er kennt kein Evolutionsgesetz, das solche Entwicklung vorschreibt. Es bleibt nur zu konstatieren, daß es geschah: Aus der Hülle der Biosphäre – der Lebewesen – ist im kulturellen Aufbruch der Menschen zur Existenz als bewußte Einzelne ein höheres Niveau herausgewachsen; der Zug des Geistes nach oben hat eine neue, erdumspannende Hülle von Ichs gegründet – eben die Noosphäre, als die Schicht der Vernunft oder genauer: der im Menschen zur Vernunft gelangten Natur. Was die christliche Religion als Kern ihrer Frohen Botschaft bereithielt und was Romantik und Idealismus ebenso wie der Sozialismus für eine utopische Zukunft erträumten – nämlich das »Alle Menschen werden Brüder« –, wird nun erstmals in der Ferne als mögliche Realität sichtbar.

Daß unsere Gegenwart von Mitmenschlichkeit und Brüderlichkeit noch weit entfernt ist, daß die bittere Erfahrung des Alltags noch Nationalitäten-, Klassen- und Rassenhaß kennt, wissen wir alle. Aber da wir auch fast alle schon daran als an einer Unvollkommenheit unserer Kultur leiden, zeigt sich, wo wir hinwollen und welches Ziel in unserer Zeit erstmals sichtbar und greifbar geworden ist. Wir erleben die Schmerzen einer gewaltigen kulturellen Geburtskrise – vielleicht der gewaltigsten von allen –, aber es ist doch die Geburt des Neuen, die sich tröstlich hinter dem Tod des Alten abzeichnet: Die Noosphäre entsteht, und unsere Generation hat mehr als jede vorige die Chance und den Auftrag, dieser Geburt zu dienen. Sie hat auch mehr als jede vorige die Hoffnung, daß ihr damit am Ende etwas Großes gelingen soll und daß die Evolution ein Ziel erreicht.

Doch gewaltig wie dieses Geschehen, das so weit über den Einzelnen hinausgreift, sind auch die Ängste, mit denen er selbst Teil dieser neuen Geburt wird. Wir haben sie in früheren Kapiteln mehrfach angesprochen: diese Angst, die sich als Folge der Sonderung vom Alten und der Hinwendung zum Neuen einstellt. Hier wird dann leicht das Beharren zur Tugend der Treue, das Fortschreiten aber zur Sünde des Abfalls erklärt und schließlich alles Neue mit Mißtrauen, alles Alte mit nostalgischer Wehmut betrachtet. Es ist ein bemerkenswertes und bestürzendes Kennzeichen unserer Epoche, daß die Angst vor der Zukunft sich ausbreitet mitten in zunehmendem Wohlstand und atemberaubend wachsenden technischen Möglichkeiten, mitten im medizinischen Fortschritt und der zunehmenden staatlichen Absicherung aller eventuellen Notlagen.

Was die Zukunftromane der vorigen Generation als Entwicklungsstand der Zivilisation von unserem Jahrhundert erhofften, ist erreicht, ja in vielen Fällen schon überholt. Aber das Unbehagen an der Technik, an der Möglichkeit zu vielfältiger Manipulation und zu neuen, ungeahnten Freiheiten wächst schneller als die Freude am zivilisatorischen Gewinn. Schließlich wird Science Fiction zum Inbegriff neuer technischer und existentieller Schrecken, und eine Mehrheit der Zeitgenossen kommt – wie Meinungsumfragen in unseren Tagen ergaben – zu der Ansicht, daß die Entwicklung den Menschen über den Kopf wachsen wird, daß Computer und Atomenergie, Maschinen und psychologische Manipulation stärker sein werden als der Mensch, daß die Freiheit geringer und der Druck neuer, unüberwindlicher Schicksalsgesetze mächtiger wird als das Ich.

Evolution – Inbegriff der Hoffnung in dieser Welt – wird zur Bedrohung eines aus den Fugen geratenen Kosmos.

Diese Angst aber tritt auf in einer Generation, die weniger als jede andere an Optimismus und Urvertrauen aus der eigenen Kindheitserfahrung mitbringt, sondern die – wie wir gesehen haben – vielfach geschwächt an der Wurzel des Selbstvertrauens nur allzuoft mit Schädigungen in der Anlaufphase der eigenen Antriebe zur Bewältigung dieses Lebens antritt, das sie mitten in die Geburtsschmerzen der großen Menschheitskrise des Werdens der Noosphäre hineinwirft. Nur so können wir begreifen, daß allein im letzten Jahr in der Bundesrepublik Deutschland 13 000 Selbstmorde verübt und eine Vielzahl davon versucht wurden. Es gibt in der Geschichte kein vergleichbares Beispiel für diese Zahlen – sie sind absolut einmalig und machen zusammen mit den Verkehrstoten und den Opfern der Zivilisationskrankheiten bereits einen wesentlichen Teil der Todesfälle der Bevölkerung unseres Landes aus. Man stirbt immer seltener eines »natürlichen Todes« – auch dies ein Beweis dafür, daß die Natur und ihre Gesetze für das merkwürdige Lebewesen *Homo sapiens* immer weniger entscheidend, das geistige Klima der Kultur aber immer bestimmender wird. Unsere Kulturbiologie wird sich daher zum Abschluß mit den gegenwärtigen Krisen dieser entstehenden Noosphäre zu befassen haben, und das heißt mit der Frage, ob diese letzte, große kulturelle Geburt uns gelingen kann, wo die Gefahrenstellen liegen, die uns bedrohen, und wo die Kraftquellen, um die Krise zu überstehen.

Betrachten wir in diesem Sinn die gegenwärtige Situation der Menschheit, so dürfen wir den Zustand in den westlichen Industrieländern als besonders typisch für den Entwicklungsprozeß ansehen, auf den das Ganze der Menschheit hinsteuert. Im weltweiten Protest gegen die Ungerechtigkeiten des Kapitalismus, in der Einteilung der Länder in hochtechnisierte und in unterentwickelte und in den konkreten Anstrengungen für Gleichheit und Unabhängigkeit wird doch unübersehbar deutlich, daß die menschliche Existenzform, die der Einzelne gegenwärtig in der demokratischen Freiheit unseres Landes erreicht, das Niveau darstellt, auf das die Entwicklung im ganzen hinzielt. Nicht das Ideal, nicht der mögliche Endpunkt – nein, gewiß nicht –, aber doch eine notwendige Zwischenstufe, deren Höhe denen oft kaum bewußt ist, die sie ständig genießen, die aber vorläufig ein durchaus erstrebenswertes, ja ein Traumziel für viele Hunderte von Millionen bleibt, die auf diesen Zustand für ihre eigene Existenz hoffen. Wir können also hier bei uns – im Kerngebiet des gegenwärtig erreichten Grades an freier Entfaltung des mündigen Ichs – am deutlichsten erkennen, welche Krisen sich in dieser Entwicklung eingestellt haben und der Bewältigung bedürfen – bei uns wie bei allen anderen, die uns auf dem Wege der Kulturentwicklung zur Noosphäre folgen werden, also bei der Menschheit insgesamt.

Diese Menschheit – so zeigt sich heute – ist vor allem von vier kritischen Entwicklungen bedroht, die den Einzelnen beängstigen und deren Überwindung notwendig ist, wenn die Noosphäre nicht an ihren eigenen Geburtswehen zugrunde gehen soll. Es sind dies die technische, die biologische, die ökologische und die politische Krise. Hinter allen vieren aber steht, wie wir am Ende sehen werden, als eigentliche und letzte eine moralische Krise.

Die technische Krise ist am augenfälligsten, sie hat ihre Wurzeln bereits im vorigen Jahrhundert und stellt im Grunde die direkte Folge der Aufklärung und des Siegeszuges der Naturwissenschaften dar. »Wie wir's am End' so herrlich weit gebracht!« – dieser Ausruf des Famulus Wagner, der im ersten Aufbruch des Industriezeitalters noch optimistisch ernst gemeint war, klingt heute in unseren Ohren nur noch ironisch, denn dem ganz unbestreitbaren technischen Fortschritt steht immer deutlicher der hohe Preis an Lebensqualität gegenüber, der für ihn zu zahlen ist.

Nie haben sich die Menschen so schnell wie heute von Ort zu Ort bewegen können, aber Auto, Eisenbahn und Flugzeug haben mehr Hetze als Ruhe in unser Leben gebracht und dazu eine riesige Zahl von Verkehrstoten, Verwundeten und Streßgeschädigten. Der schnelle Informationsfluß durch Telefon, Radio und Fernsehen läßt uns weit über alle normalen Möglichkeiten unserer Sinnesorgane hinaus in Raum und Zeit gegenwärtig sein, doch ist die Flut der durch Medien vermittelten

Erlebnisse nicht zu bewältigen, sondern überfordert uns permanent und schafft dadurch mehr Probleme, als sie löst. Die Maschinenwelt insgesamt – weit entfernt davon, wirklich ein Heer von mechanischen Sklaven für den Menschen und sein Wohlergehen zu stellen – wird zum Beherrscher unseres Lebens, so daß die bedrohliche Vision entsteht, eines Tages könnten schließlich in einem Aufstand der Roboter die Menschen selbst zu Sklaven ihrer Maschinen werden. Näher an der Wirklichkeit aber liegt die andere Vision, daß Automaten den Menschen überflüssig machen und Rationalisierungen die Massenarbeitslosigkeit und damit eine echte Bedrohung der Existenz bringen.

Hinter allen diesen – gewissermaßen »zivilen« – Ängsten aber wächst das Grauen vor den nur geahnten furchtbaren Möglichkeiten der Kriegstechnik, die, in fanatischem Wettrüsten den jeweiligen Grad des »Overkill« überbietend, nur noch die schmähliche Hoffnung auf ein Gleichgewicht des Schrekkens läßt, hinter dem jederzeit die moderne Apokalypse eines Atomkrieges mit entsetzlicher Waffengewalt ausbrechen kann. So konzentriert sich ein großer Teil der Angst vor den Gefahren der technischen Krise heute auf die entfesselte Kernenergie, in der die unheimlichen Kräfte des Atoms in einer Weise in Gebrauch genommen werden, die nur noch wenige Fachleute in allen Einzelheiten durchschauen. Für den Krieg, aber auch für den Frieden schon, scheint hier für viele endgültig die Grenze erreicht, wo die alte kulturstiftende Formel wieder in Erinnerung kommt: Wir dürfen nicht alles, was wir können! Aber in Verzweiflung und Ohnmacht erleben wir, daß diese Grenze in der Technik – vor allem in der Kriegstechnik – nicht zu gelten scheint, sondern die gefährliche Devise der »Macher« dort heißt: Was wir können, das machen wir auch!

In diese Ohnmacht angesichts einer scheinbar unabwendbar zur Katastrophe treibenden technischen Krise klingt wie ein Stoßseufzer das Wort herein, das Martin Heidegger, einer der wenigen Philosophen der Technik, in seinem posthum veröffentlichten Vermächtnis ausrief: »Nur noch ein Gott kann uns retten!« Diese Haltung letzter Verzweiflung ist selbst schon der Anfang einer möglichen Rettung, denn sie kräftigt den Widerstand gegen das krebsartige Weiterwuchern einer gefährlichen Entwicklung. Insofern ist vor allem der weltweit laut gewordene Widerstand gegen die Kernkraftwerke ein gutes Zeichen. Vielleicht werden die Gefahren dieser neuen Form von Energiegewinnung von den Gegnern tatsächlich übertrieben (wie es die Befürworter behaupten), aber darauf kommt es gar nicht in erster Linie an. Wichtig und hoffnungsvoll ist vielmehr, daß die Vernunft einzelner ebenso wie die latente Dämonenfurcht im magischen Horizont vieler dem permanent sich steigernden Prozeß des Überhandnehmens geistig unbewältigter technischer Macht überhaupt eine Grenze setzen sollen. Der alte herrschaftliche Akt geistiger Autorität und Verantwortung hat sich ja stets vor allem an diesem »Halt!« erwiesen: Bis hierher und nicht weiter!

Dies ist die entscheidende Grenzmarke des asketischen Verzichts, und es bleibt unwichtig, wo diese Grenze genau verläuft, wenn nur überhaupt anerkannt wird, daß sie sein muß. In solcher Grenzsetzung liegt daher die Hoffnung, daß die Noosphäre nicht wie ein immer weiter aufgeblähter Ball eines Tages platzt, sondern daß geistige Steuerungskräfte der Vernunft und des kulturellen Verzichts einsetzen, die wieder die richtige Rangordnung der Werte herstellen wollen: nämlich nicht den Menschen um jeden Preis den Möglichkeiten der technischen Entwicklung anzupassen, sondern im kulturellen Umgang mit der Technik sie an den Grenzen dessen zu orientieren, was dem Menschen zuträglich und gut ist.

Die biologische Krise, wie wir sie nennen wollen, weil sie tief in die menschlichen Lebensfunktionen eingreift, stellt einen Nebeneffekt der technischen und naturwissenschaftlichen Entwicklung dar. Die großartigen Fortschritte der Medizin, die in den letzten Jahrzehnten intensiver Forschungen und Entdeckungen errungen wurden, schienen zunächst die erfreulichste und positivste Seite der neuen Technik zu sein. Jeder Sieg über Krankheit und Tod war ein Triumph des forschenden Menschengeistes, und die Erhöhung der durchschnittlichen Lebenserwartung um mehrere Jahre schien jedem einzelnen von uns als echter technisch-biologischer Zugewinn anstrengungslos in den Schoß zu fallen. Darüber hinaus aber machte die fortschrittliche Biotechnik eine weitreichende Manipulation der Lebensvorgänge selbst möglich, wofür vor allem die hormonellen Ovulationshemmer – die Anti-Baby-Pillen – zum Symbol wurden. Scheinbar also ein Mehr an Lebensqualität, an Verfügung über das eigene biologische Schicksal und damit die Traumerfüllung utopischer Hoffnungen.

Aber sehr bald schon zeigte sich gerade hier im biotechnischen Bereich, wo die größten Hoffnungen auf manipulierbares Glück lagen, die größten Enttäuschungen. Medizinische Überversorgung läßt den Ruf nach einem naturgemäßen und chancengerechten Lebensbeginn laut werden, der durch die Hospitalisierung der Säuglinge und durch die Mechanisierung ihrer Versorgung und Ernährung bedroht wird. Angst bricht auf vor den Mühlen der klinischen und chirurgischen Medizin, in die niemand geraten möchte, der im verlängerten Sterben auf Intensivstationen um sein Recht auf einen Tod in Würde bangt. An die Stelle des Vertrauens auf die Helferpersönlichkeit des Arztes tritt in vielen Fällen die allzeit unsichere Hoffnung auf das richtige Funktionieren von komplizierten Apparaten für Diagnose und Therapie. Am Ende der Entwicklung zeichnet sich der überlastete Gesundheitsingenieur ab, der gegenüber den maßlos gesteigerten Erwartungen seiner Patienten achselzuckend auf die Begrenztheit seines Maschinenparks hinweist. Hoffnungen auf Herzverpflanzung, Hormonkuren, Wunderpillen und Wunderapparate nähren den utopischen Anspruch auf eine staatlich und wissenschaftlich garantierte ewige Gesundheit, während gleichzeitig die Zivilisationsschäden, Drogenmißbrauch, Streß und ungesunde Lebensweise den biologischen Zustand des einzelnen zunehmend verschlechtern. So stellt sich denn heute bereits der Katzenjammer ein: die Lebenserwartung – weiter denn je davon entfernt, die alten Normen zu überspringen – sinkt trotz wachsender medizinischer Technik gegenwärtig ab.

Aber das eigentliche Kerngebiet der biologischen Krise liegt nicht in der medizinischen Situation des einzelnen, sondern in den in greifbare Nähe gerückten utopischen Möglichkeiten der Biotechnik. Schon die Geburtenbeschränkung in ihrem völlig unausgewogenen Verhältnis zur Geburtenlawine ist eine solche Gefahr. Viel größer aber ist das Reservoir tiefgreifender Gefährdung für die Menschheit, das heute noch halb verborgen, morgen aber schon deutlich für jedermann in den Möglichkeiten der Manipulation an Genen und Embryonen liegt. Gewiß – noch kann man sich nicht »klonen« lassen (wie gegenwärtig als neueste Sensation von einem Amerikaner behauptet wird), noch also nicht aus eigenen Körperzellen einen künstlichen Nachkommen züchten: aber bei Fröschen gelingt es der Wissenschaft bereits. Noch kann man sich nicht einfrieren lassen, um nach hundert Jahren aus der Tiefkühltruhe aufgeweckt zu werden, aber gerade in diesen Tagen melden englische Wissenschaftler aus London, daß sie dreitägige Mäuseembryonen fünf Jahre lang in flüssigem Stickstoff aufbewahrten – also bei minus 196° Celsius –, sie dann Mäuseweibchen einpflanzten, die sie nun austrugen und normal zur Welt brachten.

Solche Meldungen hören sich an wie gruselige Sensationen aus dem Schreckenskabinett – man möchte sie nicht ernst nehmen. Aber sie sind ernst zu nehmen, sie sind – was die Frösche und Mäuse betrifft – ebenso wie viele weitere Experimente der Biotechnik wissenschaftlich einwandfrei als realisierbar erwiesen, und der Versuch ihrer Übertragung auf den Menschen bedürfte nur eines entschlossenen Pioniers, einer gewissen Entwicklungszeit und der nötigen Geldmittel. Was bei Fröschen und Mäusen möglich ist, müßte, biologisch gesehen, auch beim Menschen möglich sein – das ist, ob es uns paßt oder nicht, das Fazit der Physiologie!

Die Gefahren der biologischen Krise liegen in diesen ungeheuerlichen Möglichkeiten der Manipulation des eigenen und fremden Lebens, die sich heute schon abzeichnen. Und wie stets bei entscheidenden neuen Möglichkeiten der Technik werden sich auch Motivationen finden, die das Ungeheuerliche einer solchen Neuerung für einen guten Zweck einzusetzen versuchen. Bleiben wir noch einen Moment bei den tiefgekühlten Mäuseembryonen. Könnte man nicht eines Tages auch folgern: Wenn schon Millionen Kinder in unserer Gesellschaft als Embryonen legal abgetrieben werden – sollten wir diese Embryonen dann nicht wenigstens tiefgekühlt aufbewahren, statt sie zu vernichten? Könnte man sie (da sie natürlich nicht nur über fünf, sondern auch über fünfhundert Jahre in ihrer tiefgekühlten Form aufzubewahren wären) nicht späteren Generationen übergeben, damit sie eines besseren Tages doch noch ausgetragen werden und leben dürfen? Ja, wäre eine solche Reserve nicht angesichts der genetischen Schäden in einem eventuellen Atomkrieg eine Chance, um danach eine neue Generation genetisch gesunder Menschen aufzubauen?

Nicht aus Lust am Fabulieren und auch nicht, um Schrecken zu verbreiten, haben wir die biotechnischen Möglichkeiten der reversiblen Tiefkühlung hier einmal im Sandkasten der menschlichen Zukunft durchgespielt, sondern um bewußt zu machen, in welche Tiefen die biologische Krise der Menschheit uns noch führen kann. Wer hier den Kopf in den Sand steckt, macht sich mitschuldig an einer Entwicklung, für die doch das gleiche gilt wie für die technische Krise: nur ein Verzicht auf beliebige Weiterentwicklung, nur ein rechtzeitiges, asketisches »Nein« kann uns davor bewahren, daß wir wie der Zauberlehrling eines Tages vor Kräften stehen, die wir zwar angestoßen haben, denen wir aber nicht mehr gewachsen sind.

An welcher Stelle wir die Grenzmarke unseres »Nein« errichten, wird im Einzelfall genau und sachgerecht zu prüfen sein, aber d a ß eine solche Grenze zum Schutz der Kultur errichtet werden muß, ist klar. Hier, wo der technische Fortschritt unmittelbar in die biologischen Gesetze des menschlichen Lebens eingreift –, und zwar in die des Einzelnen sowohl wie in die der ganzen Art Mensch –, kann es leicht zu einer Verschiebung der naturgesetzlichen Grundwerte kommen, die tödliche Folgen hätte. Wesentlich geringere biologische Verschiebungen, als wir sie heute ermöglichen könnten, haben schon zum Aussterben von ganzen Arten geführt. Gerade weil wir die letzten Zusammenhänge zwischen Lebensalter, Fortpflanzungsrate, Manipulation und zeitlicher Verschiebung in den biologischen Funktionen noch gar nicht wissenschaftlich überblicken, ist äußerste Zurückhaltung geboten, wo diese Grundsätze des Seins angerührt werden.

Es gehört zur Aufgabe der geistigen Bewältigung unserer technischen Möglichkeiten, diese Zurückhaltung als hohe Tugend zu erlernen und zu kultivieren. Ansätze zu dieser im tiefsten und rettenden Sinne gesunden Reaktion gibt es in der Tat: Aus Mißtrauen gegen unüberschaubare Spätfolgen wächst der Hang zu »natürlicher Lebensweise«, zu körperlicher Fitness statt ungehemmtem Medikamentengebrauch, zum Boykott der »Pille«. Auch gibt es bereits erste Gesetze – vorläufig allerdings nur in wenigen Universitätsstädten der Welt –, die der Forschung an Viren gewisse Grenzen setzen: Ein hoffnungsvolles Zeichen im Sinne des kulturellen Urmotivs des »Wir dürfen nicht alles, was wir können«, dem sich auch schon einzelne Wissenschaftler mit dem Verzicht auf bestimmte, besonders gefährliche Untersuchungsgebiete angeschlossen haben. So könnte also auch die biologische Krise als eine »Kinderkrankheit« der Noosphäre überwunden werden, wenn es der Menschheit nur rechtzeitig bei ihrer »Gottähnlichkeit bange wird«.

Die ökologische Krise ist mit der biologischen eng verbunden, denn sie ergibt sich aus dem Einwirken der menschlichen Technik auf das lebendige Ökosystem der Biosphäre. Es bedurfte freilich eines erheblichen Fortschritts der Wissenschaft, ehe die Umweltkrise überhaupt erkannt werden konnte. Zu selbstverständlich erschien es noch unseren Vätern, daß die Natur unerschöpflich sei und daß der menschliche Eingriff in ihre Kreisläufe sich von selbst reguliert.

Daß aber der Mensch eine »Hautkrankheit der Erde« ist – wie es der pessimistische Eduard von Hartmann einmal formulierte –, daß der »stumme Frühling« auf einem »geplünderten Planeten« droht, wurde erst in den letzten Jahrzehnten deutlich. Als heilsamer Schock kann hier die Studie »Grenzen des Wachstums« des Club of Rome gelten, denn wie ein warnendes Menetekel zeichnete sich nun erstmals im Bewußtsein der Menschheit die allgemeine Katastrophengefahr ab, die unserer Zivilisation bei ungehemmter Weiterentwicklung der technischen und biologischen Ausbeutung der Erde droht. Die moderne Ökologie als neue und grundlegende Wissenschaft von den Umweltbeziehungen zeigt, daß das ausgewogene Gleichgewicht eines Ökosystems – und der Mensch mit der Erdoberfläche bildet ein solches System – unheilbar gestört werden kann, wenn gegen seine Stabilitätsgesetze verstoßen wird. Weder Sauerstoff zum Atmen noch Wasser zum Trinken, weder Nahrung noch Rohstoffe stehen in beliebigen Mengen zur Verfügung, und einseitig belastete Kreisläufe auf der Erde müssen schließlich zusammenbrechen. Hinzu kommt, daß die Verunreinigungen des Meeres, des Landes und des Süßwassers schon bald zu einer Vergiftung unseres Lebensraums führen müssen, wenn die bisherige Praxis der ungehemmten Emission weitergeht.

Wiederum in der Krise, hat die Noosphäre – die Gesamtheit der denkenden und vernünftig handelnden Menschen unserer Zeit – nur eine Überlebenschance, wenn in Demut die Lektion gelernt wird, die uns die geschändete Natur erteilt: wir haben in Verantwortung und als Gärtner diese Erde zu bestellen und können nur in dem Maße frei sein, in dem wir die Naturgesetze der Biosphäre respektieren. Weder atomare noch nicht atomare Verseuchung der Atmosphäre und der Erdoberfläche dürfen wir uns als ungedeckte Wechsel auf die Zukunft leisten, wenn wir den kommenden Generationen einen Lebensraum hinterlassen wollen, in dem sich die Natur nicht nur ihrer selbst im Menschen bewußt geworden ist, sondern sich auch an der Schönheit dieser Welt erfreuen kann und die Freiheit des Geistes in seiner harmonischen Einbindung in die Biosphäre genießt. Es mehren sich die Zeichen, daß solche asketische Bescheidung gegenüber den Gesetzen der Natur als Rettung aus der ökologischen Krise erkannt wird, so daß noch rechtzeitig genug, wenn auch im letzten Moment, die große Ökokrise vermieden wird. Nach neusten Meldungen gibt es wieder Fische in Rhein und Themse, und in Athen sinkt der Schwefelgehalt der Luft, so daß die Akropolis nicht länger gefährdet ist, zur Mahnung an unsere Zeit in der verpesteten Luft zerfressen zu werden.

Eine vierte bedrohliche Krise aber, die politische, erwächst der Noosphäre aus der Entwicklung der vielen Einzelnen zu selbständigen Ichs, ohne daß die Mehrheit der Zeitgenossen sie bisher überhaupt erkannt hätte – doch liegt in ihr für die unmittelbare Gegenwart vielleicht sogar die größte Brisanz. Zu sehr haben wir uns daran gewöhnt, in der freiheitlichen, demokratischen Verfassung der westlichen Staaten das natürliche Ziel einer jahrhundertelangen Entwicklung zu erblicken, und uns dabei in der Illusion bewegt, diese rechtsstaatliche Ordnung würde sich nicht nur von allein gegenüber allen anderen, weniger freien Staatsformen durchsetzen, sondern sie werde sich darüber hinaus auch von selbst erhalten und regulieren, weil sie doch letztlich die den Interessen aller am besten dienende Kulturform darstellt.

Niemand kann ernsthaft bezweifeln, daß der demokratische Grundsatz des gleichen politischen Rechtes für alle, der regelmäßigen freien Wahlen einer Volksvertretung und der garantierten Grundrechte für den Einzelnen, einen großartigen und echt humanen Fortschritt im Sinne eines Mehrs an geistiger Freiheit darstellt und insofern die angemessene Form der politischen Organisation der Noosphäre wäre – wesentlich besser als alle Formen von Tyrannis, in denen der Einzelne, der »Andersdenkende«, in irgendeiner Form unterdrückt oder eingeengt wird. Insofern also wären alle anderen Staaten eher in einer politischen Krise als wir – nämlich in der einer Entwicklung zu größerer menschlicher Freiheit, wie wir sie bereits erreicht haben.

Aber aus dem Traum einer allen gerecht werdenden Demokratie – einer frei verantworteten Regierung aller über alle in gegenseitigem Verständnis und allgemeiner Rücksicht des einzelnen auf die Interessen der anderen – erwachen wir gerade in diesen Jahren mehr oder weniger schmerzlich. Es sieht so aus, als wäre der Einzelne, um den es doch im demokratischen Konzept von Anfang an ging, jetzt erst aus seinem langen Dornröschenschlaf als Untertan erwacht, um sich auf die Rechte zu besinnen, die ihm seit langem schon offiziell zustehen und in einer Demokratie auch zustehen müssen. Der erwachsene und auf seine Rechte pochende Einzelne – von dem frühere Jahrhunderte in der Gestalt des Müllers von Sansoussi oder des Michael Kohlhaas fast nur wie von einem Märchen erzählten – wird zur politischen Wirklichkeit und im gleichen Augenblick zur politischen Bedrohung: Einspruch eines Einzelnen kann den Bau einer Straße, einer Bahnlinie, eines Kraftwerks verhindern – die Macht der zum demokratischen Selbstbewußtsein erwachten und sich zu Bürgerinitiativen, Grünen Listen oder Protestparteien zusammenschließenden Gleichgesinnten beginnt ernsthaft in das Getriebe der politischen Entscheidungen einzugreifen. Der Flugplatz Narita in Japan wird vielleicht einmal als Denkmal dieser Krise in die Geschichte eingehen – ebenso wie die »Schlachten« um Kernkraftwerke in unserem Land.

Auf einmal zeigt sich – um es etwas paradox auszudrücken –: Demokratie funktioniert nur so lange, wie sie eigentlich noch nicht funktioniert. Denn nur, wenn die große Mehrzahl aller Bürger eines Landes aus Disziplin und Einsicht in die Bedürfnisse der Allgemeinheit oder auch einfach nur aus Stumpfheit und Gewohnheit auf ihre demokratischen Einspruchsrechte verzichtet, kann diese Staatsform reibungslos funktionieren. Anderenfalls aber erstickt schließlich jede konkrete Maßnahme im Protest der Beteiligten, und jede Entscheidung für die Allgemeinheit wird unmöglich wegen des Widerstandes Einzelner. Die Politiker – angewiesen auf das Wohlwollen einer Mehrheit und gleichzeitig durch jede Minderheit zu blockieren – müssen alle ihre Schritte an dieser Situation orientieren und haben ständig um sich zu blicken, so daß zum Blick voraus keine Zeit mehr bleibt. Und schließlich ertönt dann im allgemeinen Unwillen der Ruf nach dem »starken Mann«, der die Demokratie beendet und die Rechte des Einzelnen zurückstutzt, um eine Regierbarkeit des Ganzen wieder herzustellen.

Eine Vision, die wohl niemand als allzu utopisch bezeichnen wird, tut sich damit auf. Läuft der politische Befreiungsprozeß automatisch auf eine neue Gefangenschaft hinaus, weil der Einzelne, wo er seine Rechte fordert, sie sich notwendig auf Kosten der anderen nehmen muß? Hat der skeptische Physiker und Nobelpreisträger Max Born recht, der schließlich feststellte: »Es scheint mir, daß der Versuch der Natur, auf dieser Erde ein denkendes Wesen hervorzubringen, gescheitert ist?«

Nun – noch ist dieser »Versuch der Natur« keineswegs gescheitert, noch ist die Noosphäre trotz ihrer vier kritischen Bedrohungen, die wir hier eben geschildert haben, nicht verloren! Denn es wächst allenthalben die Einsicht, daß hinter den vier Krisen als ihre gemeinsame Ursache eine fünfte steckt, die moralische. Überall war es ja nur die Hybris des Hochmuts, die sich über den kulturellen Grundsatz des »Wir dürfen nicht alles, was wir können« hinwegsetzen wollte. Unterschwellig aber blieb es doch im Bewußtsein – und sei es nur in der Form einer dumpfen Angst vor der eigenen Zukunft und der der Menschheit –, daß die asketische Anstrengung aller, die für jede Kultur erste Voraussetzung war, auch weiterhin geboten ist. Das Ich hatte sich aus der Gruppe – wie wir es am Beginn der Biologie der Kultur sahen – unter dem asketischen Zwang zur verantworteten Eigengesetzlichkeit gelöst, doch nun – wo Milliarden solcher Ichs sich zur neuen Hülle der Noosphäre zusammenfinden, zu einer Einheit, die auf der Vielheit der Einzelnen beruht – muß dieses Gesetz der verantwortlichen Askese erneut die Basis der Freiheit bilden. »Wollen wir verantwortlich planen«, so sagte Carl Friedrich von Weizsäcker vor kurzem in Anbetracht der gegenwärtigen Krise, »so wäre der Übergang zu einer bewußt asketischen Weltkultur nötig.«

Diese asketische Weltkultur ist die einzig denkbare Lebensform der Noosphäre, denn nur sie ermöglicht das Paradoxon, daß alle Einzelnen voneinander und zugleich füreinander frei werden. Was die christliche Religion als Nächstenliebe – aber auch als Liebe zu Gott – forderte und zugleich ermöglichte, ist heute längst nicht mehr »den Griechen eine Torheit« – dem zweifelnden Intellekt eine Zumutung –, sondern schließlich allen Einsichtigen eine Notwendigkeit. Denn diese gewaltige Entwicklung aus dem Gesetz in die Freiheit, aus der Materie in den Geist, muß endlich, wo sie in der Noosphäre ihrer selbst bewußt wird, auch der Liebe den zentralen Platz zuweisen, der ihr gebührt, da sie allein die sonst unaufhebbare Spannung zwischen dem Einzelnen und seinen Rechten und dem anderen und seinen gleichen Rechten lösen kann. »Zum erstenmal in der Geschichte«, so schrieb Erich Fromm (»Haben und Sein«), »hängt das physische Überleben der Menschheit von einer radikalen Veränderung der Herzen ab.« Viele Jahrmillionen der Kulturevolution hindurch war diese Veränderung der Herzen eine Möglichkeit menschlicher Entwicklung. Nun, in unserer Zeit, ist sie eine Notwendigkeit geworden. Die Bergpredigt ist kein Angebot unter anderen – sie ist Hinweis auf den einzigen Ausweg.

Die radikale Veränderung der Herzen – das alte Anliegen der christlichen Religion – müßte aber wirklich die Tiefen unserer Existenz erfassen und darf nicht an der Oberfläche bleiben. Dies gilt für die Haltung jedes Einzelnen, es gilt aber vor allem auch für Kirche insgesamt, die alle Krisen unserer Zeit miterleidet und durch oberflächliche Anpassung an den Zeitgeist heute in der schweren Gefahr steht, den einzigen Ausweg aus den Nöten und Krisen, den sie zu verkünden hat, selbst zu verfehlen. Denn es ist oberflächlich und nicht der Tiefe der Evangelien gemäß, wenn die Kirche heute in technischen, biologischen und politischen Dingen eine Anpassung betreibt, wie es zu allen Zeiten nur die Schwachen taten, denen es ums Überleben ging, statt kraftvoll gegen alle Tagesmoden und Jahrhundertideologen den Glauben zu setzen und mit der Stärke zu verteidigen, die auf der »gewissen Zuversicht« und dem Vertrauen auf die Liebe gründet. Wenn die Kirche sich hier nicht auf ihren Jahrtausend-Auftrag besinnt, die Ewigkeit christlicher Wahrheit von allen Anpassungen an den Tagesgeist freizuhalten und sie als einen absoluten Wert zu verkünden, der mehr gilt als alle vom Menschen gemachte Freiheit und Gerechtigkeit, dann wird sie überflüssig und hätte eines Tages gar nichts mehr zu verkünden. Denn nur im Gegensatz zu dieser Welt, in ihrer Überwindung durch Liebe – nicht aber im politischen Mitläufertum – liegt ihr Auftrag. Hier soll sie uns voranleuchten auf dem letztlich über alle Krisen hinausführenden, die Not wendenden Weg aus dem Gesetz in die Freiheit.

Daß diese Welt und ihre Entwicklung ein Weg aus dem Dunkel zum Licht, aus dem Unbewußten zum klaren Bewußtsein und zugleich aus dem Gesetz zur Freiheit ist, wie es die Religion verheißt, das haben begnadete Denker immer wieder gesehen und verkündet. Von Joachim von Fiores Vision vom Reich über Schellings Naturphilosophie bis zu Teilhard de Chardins frommer Schau des »Punktes Omega« zeigte sich ein Ziel solcher Entwicklung in Klarheit. So kündete Teilhard – im Hinblick auf die mögliche Zukunft der Noosphäre: »Schwindet in unserem Sehen einmal die dreifache Täuschung der Kleinheit, der Vielheit und der Starrheit, dann rückt der Mensch mühelos auf den Platz im Mittelpunkt als gegenwärtigen Gipfel einer Anthropogonese, die selbst Krönung der Kosmogenese ist.«

Das Universum – das ist die Grundeinsicht Teilhards, der wir uns anschließen – ist einem Werden unterworfen, »so daß es sich nach und nach entwickelt, wie es sein soll«. Wir dürfen am Ende unserer Betrachtung der Biologie der Kultur hinzufügen: und auch der Mensch! Das moralische »Du sollst« steht nicht nur am Anfang der Kulturgeschichte, sondern auch an ihrem Ende. Es ist aber auf dem Wege dahin einem entscheidenden Wandel unterworfen gewesen, denn das »Du sollst« war am Anfang das Gesetz, das die Freiheit vorbereitete; am Ende ist es selbst diese Freiheit, ja es ist – wie die Liebe – mehr als Gesetz und als Freiheit, es ist der Frieden des Ruhens in der göttlichen Ordnung dieser Welt. Aus dieser Einsicht wächst die Hoffnung auf ein letztes Ziel menschlicher Kultur, das noch mehr wäre als das »Wir dürfen nicht alles, was wir können« und das uns nur geschenkt werden kann, wie aller Geist. Es wäre eine Zukunft, in der wir sagen dürften: Wir können alles, was wir sollen!

Literaturhinweise

Bücher sind ein so wesentliches und tragendes Merkmal der Kultur, Tradition und Nachfolge gehören so sehr zu ihrem Wesen, daß eine Kulturbiologie sich in größtem Umfang auf sie stützen muß. Ein Literaturverzeichnis am Ende eines solchen Unternehmens kann daher keinesfalls vollständig sein, ohne den gesamten Lesestoff des Autors anzugeben. Das soll aber nicht der Sinn der folgenden Literaturhinweise sein, eher ist es ein Abtragen von Dankesschuld. Daher werden hier – in größeren Abschnitten von je drei Kapiteln zusammengefaßt – nur die Schriften angegeben, die im Text in wichtigem Zusammenhang unmittelbar zitiert oder für einzelne Angaben direkt zu Rate gezogen wurden und auf die der Leser daher ausdrücklich hingewiesen sein soll. Die »klassischen« Zitate, vor allem aus Goethes »Faust«, der im Text ständig präsent ist, werden nicht im einzelnen belegt.

Zu Kapitel 1 bis 3

André, H.: Licht und Sein. Regensburg (Habbel) 1963

Ditfurth, H. v.: Der Geist fiel nicht vom Himmel. Hamburg (Hoffmann u. Campe) 1976

Gebser, J.: Ursprung und Gegenwart. München (dtv) 1973

Gehlen, A.: Der Mensch. Frankfurt (Athenaion) 10. Aufl. 1974

Illies, J.: Geheimnis des Lebendigen. Leben und Werk des Biologen Adolf Portmann. München (Kindler) 1976

Kolakowski, L.: Traktat über die Sterblichkeit der Vernunft. München (Piper) 1967

Levi-Strauss, Cl.: Strukturale Anthropologie. Frankfurt (Suhrkamp) 1967

Lorenz, K.: Die Rückseite des Spiegels. München (Piper) 1973

Meves, Chr.: Verhaltensstörungen bei Kindern. München (Piper) 1971

Neumann, E.: Ursprungsgeschichte des Bewußtseins. München (Kindler) 1949

Nietzsche, Fr.: Die Geburt der Tragödie. (1871) Reclam 7131 – 1976

Portmann, A.: Biologische Fragmente einer Lehre vom Menschen. Basel (Schwabe) 3. Aufl. 1969

Schelling, Fr. W. J. v.: Gesamtausgabe (Hrsg. M. Schröter). München (Beck) 1943–1959

Teilhard de Chardin, P.: Der Mensch im Kosmos (Le Phénomène humain). München (Beck) 1959

Zu Kapitel 4 bis 6

Bachofen, J. J.: Das Mutterrecht. (1861) Basel (Schwabe) 1948

Bergsträsser, G.: Einführung in die semitische Sprache. Darmstadt (Wiss.

Buchgem.) 1975
BERTSCH, A.: Hebräische Sprachlehre. Stuttgart (Kohlhammer) 1961
BLÜHER, H.: Parerga zur Achse der Natur. Stuttgart (Klett) 1952
BÜHLER, G.: Leitfaden für den Elementarkurs des Sanskrit. Darmstadt (Wiss. Buchgem.) 1968
GALAHAD, Sir: Mütter und Amazonen (1922). Berlin (Non-stop-Bücherei) 1962
GEBSER, J.: Ursprung und Gegenwart. München (dtv) 1973
HORNUNG, E.: Meisterwerke altägyptischer Dichtung. Zürich/München (Artemis) 1978
JENNI, E. u. WESTERMANN, C.: Theologisches Handwörterbuch zum Alten Testament. München (Kaiser) 1971
JÜNGER, E.: Sgrafitti. Stuttgart (Klett) 1960
KAEDING, Fr. W.: Häufigkeitswörterbuch der deutschen Sprache.
KLUGE, F.: Etymologisches Wörterbuch der deutschen Sprache. Berlin (de Gruyter) 1960
KOHL-LARSEN, L.: Das Elefantenspiel. Kassel (Eisenach) 1956
LUTHER, W.: Sprachphilosophie als Grundwissenschaft. Heidelberg (Quelle u. Meyer) 1970
MEISSNER, B. u. OBERHUBER, K.: Die Keilschrift. Sammlung Göschen Bd. 708. Berlin (de Gruyter) 1967
NIETZSCHE, Fr.: Also sprach Zarathustra (1883–85)
PESSENLEHNER, R.: Auch eine Theorie vom Usprung der Sprache. Fuldaer Gesch. Bl. 45:33–80, 1969
RÉVÉSZ, G.: Ursprung und Vorgeschichte der Sprache. Bern (Francke) 1946
WEINREB, Fr.: Die Symbolik der Bibelsprache. Zürich (Otto) 1969
WENDT, H. F. (Hrsg.): Sprachen. Das Fischer Lexikon, Bd. 25. Frankfurt (S. Fischer) 1961

Zu Kapitel 7 bis 9

BLECHSCHMIDT, E.: Vom Ei zum Embryo. Stuttgart (DVA) 1968
BOLK, L.: Das Problem der Menschwerdung. Jena (Fischer) 1926
BOWLBY, J.: Mutterliebe und kindliche Entwicklung (Maternal Care and Mental Health, WHO-Monogr. 1952). München (Piper) 1952
BÜHLER, Ch.: Kindheit und Jugend. Leipzig (Hirzel) 1928
DÜHRSSEN, A.: Heim- und Pflegekinder in ihrer Entwickling. Göttingen 1958
LUX-FLANAGAN, G.: Die ersten neun Monate des Lebens (Mit einem Nachwort von A. Portmann). Hamburg (Rowohlt) 1963
KUSSMAUL, A.: Untersuchungen über das Seelenleben des neugeborenen Menschen. Leipzig/Heidelberg (Winter) 1859
MEAD, M.: Mann und Weib. Hamburg (Rowohlt) 1958
MEVES, Chr.: Erziehen lernen in tiefenpsychologischer Sicht. München (Bayer. Schulbuchverlag) 1971
MEVES, Chr.: Wer paßt zu mir? Kassel (Weißes Kreuz) 1975
MEVES, Chr.: Antrieb-Charakter-Erziehung. Osnabrück (Fromm) 1977

PORTMANN, A.: Die biologische Bedeutung des ersten Lebensjahres beim Menschen. Schweiz. Med. Wochenschr. 71, 32, 1941

PORTMANN, A.: Die Biologie und das neue Menschenbild. Bern (Univ.) 1942

PORTMANN, A.: Zoologie und das neue Menschenbild. Hamburg (Rowohlt) 1956

PORTMANN, A.: Die Entwicklungsbeschleunigung der Jugend als biologisches und soziales Problem (1966), in: PORTMANN, A.: Entläßt die Natur den Menschen? München (Piper) 1970

SCHMALOHR, E.: Frühe Mutterentbehrung bei Mensch und Tier. München/Basel (Reinhardt) 1968

SCHELER, M.: Die Stellung des Menschen im Kosmos. Bern/München (Francke) 1928 (8. Aufl. 1975)

SCHUTZ, Fr.: Sexuelle Prägungserscheinungen bei Tieren, in: GIESE, H.: Die Sexualität des Menschen. Stuttgart (Enke) 1968

SIMON, K. H.: Kartographie der menschlichen Gene. Naturw. Rundschau 31: 13–15, 1978

SPITZ, R. A.: Vom Säugling zum Kleinkind. Stuttgart (Klett) 3. Aufl. 1972

TURNBULL, C. M.: Das Volk ohne Liebe. Der soziale Untergang der Ik. Hamburg (Rowohlt) 1973

VETTER, A.: Kritik des Gefühls, Psychologie in der Kulturkrise. München (Schöningh) 2. Aufl. 1977

Zu Kapitel 10 bis 12

CARSON, R.: Der stumme Frühling. München (Biederstein) 1965

EIBL-EIBESFELDT, I.: Die !Ko-Buschmann-Gesellschaft. München (Piper) 1972

FRAENGER, W.: Hieronymus Bosch. Dresden (Verlag d. Kunst) 1975

FROMM, E.: Haben oder Sein. Die seelischen Grundlagen einer neuen Gesellschaft. Stuttgart (DVA) 1976

GLATZ, K.: Schöpfung und Natur. Eine Untersuchung zum Naturbegriff beim frühen Schelling. Diss. Göttingen 1966

HEIDEGGER, M.: Spiegel-Gespräch (posthum veröffentlicht). Der Spiegel (Hamburg), Nr. 23, 1976

HEISENBERG, W.: Schritte über Grenzen. München (Piper) 1971

JÜNGER, E.: Eumeswil. Stuttgart (Klett-Cotta) 1977

KANT, I.: Mutmaßlicher Anfang des Menschengeschlechtes (1786), Theorie Werkausgabe Frankfurt (Suhrkamp), Bd. XI

LAY, R.: Der neue Glaube an die Schöpfung. Olten/Freiburg (Walter) 1971

MEADOWS, D. L.: Wachstum bis zur Katastrophe? Stuttgart (dtv) 1974

TAYLOR, G. R.: Das Selbstmordprogramm. Zukunft oder Untergang der Menschheit. Frankfurt (S. Fischer) 1971

TEILHARD DE CHARDIN, P.: Die lebendige Macht der Evolution. Olten/Freiburg (Walter) 1967

WEIZSÄCKER, C. Fr. v.: Die friedliche Nutzung der Kernenergie: Chancen und Risiken. MPG-Spiegel, München 2: 32–38, 1978

Register

Im folgenden werden alle im Text genannten Namen aufgeführt. Von den Begriffen sind die ständig im Text erwähnten (wie *Art, Gruppe, Mensch, Ich, Individuum, Wir, Selbst, Einzelner, Geist, Materie, Freiheit, Gesetz, Kultur, Norm* etc.) nicht erfaßt, sondern nur die vereinzelt auftretenden.

Joachim Illies

Zoologie des Menschen

Entwurf einer anderen Anthropologie. 2. Aufl., 9. Tsd. 1972. 227 Seiten. Kart.

»Illies behandelt auf breiter Basis eine Fülle von Fragen, die sowohl die Stellung des Menschen im Bereich des Lebendigen wie auch das betreffen, was seine Besonderheiten ausmacht. Ausgehend von den vergangenen Deutungen über Herkunft und Stellung des Menschen und deren Wandel in der erfaßbaren Geistesgeschichte werden in schlagwortartig bezeichneten Kapiteln, kürzer zunächst, Fakten zur Abstammungsgeschichte behandelt. Besonders ausführlich und lesenswert sind die Ausführungen aufgrund der Einsichten der Verhaltensforschung und daraus Aussagen zu modernen Erziehungsideologien.« Kosmos

»Der sich ausbreitenden Tendenz nach Autodestruktion stellt der Autor seine konstruktive Anthropologie entgegen; gewissermaßen als Gegenspieler von Jacques Monod.« der literat

Anthropologie des Tieres

Entwurf einer anderen Zoologie. 1973. 250 Seiten mit 35 Abbildungen. Geb.

»Vielleicht bereitet sich mit dieser philosophischen Konterbande der Naturwissenschaft ein neuer Durchbruch des Denkens vor. Und dafür bringt Illies selbst ja alles mit: den unwiderstehlichen Impuls, der über Technik und Kunst hinaus tief in die Sprache vorstößt, die Kraft des schlagenden Formulierens, die Unbefangenheit einer Sprache, die jeder versteht, und den Mut, auch gegen den Strom der Zeit zu schwimmen.« Nürnberger Zeitung

»Ein solches Buch fehlte bisher, und dieses ist so reichhaltig und anschaulich gelungen, daß es schon von der Fülle seiner Denkansprüche wegen für sich spricht.«
Westermanns Monatshefte